国家出版基金项目
NATIONAL PUBLICATION FOUNDATION

"十三五"国家重点图书出版规划项目
中国特色畜禽遗传资源保护与利用丛书

德 州 驴

王长法　孙 艳　杨春红　主编

中国农业出版社

北 京

图书在版编目（CIP）数据

德州驴/王长法，孙艳，杨春红主编 . —北京：
中国农业出版社，2020.1
（中国特色畜禽遗传资源保护与利用丛书）
国家出版基金项目
ISBN 978-7-109-26563-9

Ⅰ．①德…　Ⅱ．①王…②孙…③杨…　Ⅲ．①驴—饲—
养管理　Ⅳ．①S822

中国版本图书馆 CIP 数据核字（2020）第 024833 号

内容提要：德州驴是我国大型驴种和优秀的地方品种，2007 年已被国家列入地方品种保护名录。德州驴具有适应能力强、耐粗饲、抗病力强等特点，其养殖及产品开发是我国畜牧业生产的重要组成部分。本书基于对德州驴品种特征及生物学习性的深入分析，对德州驴的饲养管理、选种选配、疾病防控、保种和保护等方面进行了阐述，旨在为德州驴品种资源的保护与创新利用奠定基础。

中国农业出版社出版

地址：北京市朝阳区麦子店街 18 号楼
邮编：100125
责任编辑：王金环
版式设计：杨　婧　责任校对：吴丽婷
印刷：北京通州皇家印刷厂
版次：2020 年 1 月第 1 版
印次：2020 年 1 月北京第 1 次印刷
发行：新华书店北京发行所
开本：720mm×960mm　1/16
印张：12.25　插页：2
字数：210 千字
定价：88.00 元

丛书编委会

本书编写人员

主　编　王长法　孙　艳　杨春红

副主编　王金鹏　张瑞涛　李玉华　张　伟

参　编　（按姓氏笔画排序）

于　杰　王秀革　王彤彤　田　方　曲洪磊

朱明霞　刘文强　刘桂芹　刘紫雯　李建斌

李亮亮　李海静　张　燕　周苗苗　周祥山

姜　强　柴文琼　高琦璨　展延栋　黄金明

嵇传良　鞠志花

审　稿　孙玉江

我国是世界上畜禽遗传资源最为丰富的国家之一。多样化的地理生态环境、长期的自然选择和人工选育，造就了众多体型外貌各异、经济性状各具特色的畜禽遗传资源。入选《中国畜禽遗传资源志》的地方畜禽品种达 500 多个、自主培育品种达 100 多个，保护、利用好我国畜禽遗传资源是一项宏伟的事业。

国以农为本，农以种为先。习近平总书记高度重视种业的安全与发展问题，曾在多个场合反复强调，"要下决心把民族种业搞上去，抓紧培育具有自主知识产权的优良品种，从源头上保障国家粮食安全"。近年来，我国畜禽遗传资源保护与利用工作加快推进，成效斐然：完成了新中国成立以来第二次全国畜禽遗传资源调查；颁布实施了《中华人民共和国畜牧法》及配套规章；发布了国家级、省级畜禽遗传资源保护名录；资源保护条件能力建设不断提升，支持建设了一大批保种场、保护区和基因库；种质创制推陈出新，培育出一批生产性能优越、市场广泛认可的畜禽新品种和配套系，取得了显著的经济效益和社会效益，为畜牧业发展和农牧民脱贫增收作出了重要贡献。然而，目前我国系统、全面地介绍单一地方畜禽遗传资源的出版物极少，这与我国作为世界畜禽遗传资源大国的地位极不相称，不利于优良地方畜禽遗传资源的合理保护和科学开发利用，也不利于加快推进现代畜禽种业建设。

为普及对畜禽遗传资源保护与开发利用的技术指导，助力做大做强优势特色畜牧产业，抢占种质科技的战略制高点，在农业农村部种业管理司领导下，由全国畜牧总站策划、中国农业出版社出版了这套"中国特色畜禽遗传资源保护与利用丛书"。该丛书立足于全国畜禽遗传资源保护与利用工作的宏观布局，组织以国家畜禽遗传资源委员会专家、各地方畜禽品种保护与利用从业专家为主体的作者队伍，以每个畜禽品种作为独立分册，收集汇编了各品种在管、产、学、研、用等相关行业中积累形成的数据和资料，集中展现了畜禽遗传资源领域最新的科技知识、实践经验、技术进展与成果。该丛书覆盖面广、内容丰富、权威性高、实用性强，既可为加强畜禽遗传资源保护、促进资源开发利用、制定产业发展相关规划等提供科学依据，也可作为广大畜牧从业者、科研教学工作者的作业指导书和参考工具书，学术与实用价值兼备。

丛书编委会

2019 年 12 月

序言

　　我国是世界畜禽遗传资源大国，具有数量众多、各具特色的畜禽遗传资源。这些丰富的畜禽遗传资源是畜禽育种事业和畜牧业持续健康发展的物质基础，是国家食物安全和经济产业安全的重要保障。

　　随着经济社会的发展，人们对畜禽遗传资源认识的深入，特色畜禽遗传资源的保护与开发利用日益受到国家重视和全社会关注。切实做好畜禽遗传资源保护与利用，进一步发挥我国特色畜禽遗传资源在育种事业和畜牧业生产中的作用，还需要科学系统的技术支持。

　　"中国特色畜禽遗传资源保护与利用丛书"是一套系统总结、翔实阐述我国优良畜禽遗传资源的科技著作。丛书选取一批特性突出、研究深入、开发成效明显、对促进地方经济发展意义重大的地方畜禽品种和自主培育品种，以每个品种作为独立分册，系统全面地介绍了品种的历史渊源、特征特性、保种选育、营养需要、饲养管理、疫病防治、利用开发、品牌建设等内容，有些品种还附录了相关标准与技术规范、产业化开发模式等资料。丛书可为大专院校、科研单位和畜牧从业者提供有益学习和参考，对于进一步加强畜禽遗传资源保护，促进资源可持续利用，加快现代畜禽种业建设，助力特色畜牧业发展等都具有重要价值。

中国科学院院士
中国农业大学教授 吴常信

2019 年 12 月

 前言

德州驴是我国五大优良驴种之一，其体型高大，生长速度较快，具有良好的生产特性和稳定的遗传性能，2011年被列入国家级畜禽遗传资源保护名录。随着人们生活水平的提高，驴肉、阿胶等驴产品需求量越来越大，驴养殖业的规模效益有待进一步开发。我国在《全国草食畜牧业发展规划（2016—2020年）》《全国畜禽遗传资源保护和利用"十三五"规划》等文件中，都将驴产业作为抢占世界畜牧业高地的特色畜牧业。

德州驴作为优质的地方特色品种，具有耐粗饲、比牛省草、比马省料、易饲养，行动灵活，乘、挽、驮皆宜，妇女、儿童均可驾驭等特点。这些特点能满足我国土地分散和人多地少、精耕细作条件下对役用动力的需要。养驴不仅可以提供役用动力，而且可以就地转换饲草和剩余粮食，提供优质肉类食品及精深加工产品。驴肉肉质细、味美，瘦肉多，脂肪少，脂肪中不饱和脂肪酸含量较高，食之可以减轻饱和脂肪酸对人体心血管系统的不利影响，是很好的营养保健食品，素有"天上龙肉，地下驴肉"之美称。近年来，驴肉加工工艺的发展，使驴肉的消费者逐渐增多，驴肉及其加

工产品的市场前景十分广阔。

近年来，随着养驴业由役用动力向产肉、产皮的方向转化，驴产品产销两旺，饲养经济效益显著，一些地区相继出现了"养驴热"，养驴已成为产区农户生产致富的新型产业，这对我国的养驴业发展起到了很大的促进作用。随着我国社会经济的发展和科技进步，驴产业发展呈现新的趋势，其功能与作用也逐步转变，由役用依次向肉用、药用、乳用、保健及生物制品开发等多用途的"活体循环经济"转变，现代驴产业正在形成：第一产业为以饲养繁育为基础的养殖业，第二产业为以驴肉、驴皮等畜产品加工为主的传统加工业以及借助现代科技优势以驴奶、驴血、雌性激素等活体产品为主的创新型产业，第三产业为以驴奶等驴产品为基础的康复疗养服务产业。在此趋势背景下，亟待通过保护和开发利用优质驴品种，促进现代驴产业的快速发展。

德州驴的饲养已有 300 年历史，根据外貌其可分为"三粉驴"和"乌头驴"两大类型，其中乌头驴全身毛色乌黑、无任何杂毛，四肢粗壮，各部位厚实，是名副其实的大型驴种。本书系统地介绍了德州驴的品种起源、品种特征、营养需要、基因组研究进展、生产性能测定体系，以及人工授精、饲养管理、疫病防控等养殖生产技术，并在品种保护方面系统地介绍了德州驴品种的保种工作以及开发利用。全书内容丰富全面，技术先进实用，可供从事驴产业的相关科研人员以及生产人员参考使用。本书在编写过程中得到了聊城大学毛驴高效繁育与生态饲养研究院等单位的大力支持，在此表示衷心的感谢！

　　由于编者水平有限，书中难免存在疏漏和不足，敬请广大读者批评指正。

编　者

2019 年 12 月

目录

第一章
德州驴品种起源与形成过程

第一节　驴在动物分类学上的地位

按照动物分类学，驴属于脊索动物门的脊椎动物亚门、哺乳纲、奇蹄目、马科、马属。在马属动物中现存的只有马、斑马和驴三个种。由于它们同属不同种，有共同的起源，亲缘关系较近，因此互相交配都能产生异种间的杂种，如公驴配母马或公马配母驴，可产生其种间杂种马骡或驴骡。马、驴、骡不仅外形特征显著不同，并且各有不同特征，还保留了其野生祖先的某些特性。

德州驴是中国五大优良驴种之一（中国五大优良驴种分别是关中驴、德州驴、广灵驴、泌阳驴和新疆驴）。德州驴经过严格的自然选择和人工选育，身上汇集了体型大、挽力强、产肉多等优良性状，是培育优质高产低耗畜种的宝贵原始材料。各地可作为良种引入，与本地中小型地方品种杂交，对地方品种进行改良或利用杂交优势进行育肥，亦可开展纯繁，充分开发其优良性状。目前，云南、广西、海南、黑龙江、辽宁、陕西等地都已引入优秀德州驴对当地驴进行改良，并积极开发生产驴肉系列产品，取得了良好的经济效益。

第二节　德州驴产区的自然社会生态条件

德州驴原产于山东省德州市和滨州市沿渤海各县，又称"无棣驴"。黄河入海的冲积平原大面积天然草场和当地农民种植苜蓿与粮棉间作的习惯，为德州驴提供了优质的饲草饲料，经过长期选育和精心培育形成了这一独特的优良驴种。目前多用于杂交改良，已被新疆、陕西、辽宁等 24 个省份引为种畜。

虽然德州驴已逐渐失去了役用价值，但随着人民生活水平的不断改善，其肉用、奶用价值却显现出来，驴肉及其制品已摆上了人们的餐桌，人们对驴肉的消费越来越多，各种驴肉熟食制品、礼盒保健品、驴肉餐饮连锁等日益增加，国内涌现出山东广饶驴肉、高唐驴肉、山西漕河驴肉、河北驴肉火烧等知名食品品牌与地方特色小吃，在全国各主要城市还出现了专门经营驴肉的知名饭店，主营驴肉火锅、驴肉拼盘、驴肉饺子、驴肉包子、红烧驴肉、驴肉火烧、全驴宴等。食驴肉之风在广东、广西、陕西、北京、天津、河北等地兴起，驴肉市场前景广阔。

德州驴（图 1-1）耐粗饲，抗病力和适应性强，性情温驯，既可以舍饲又可以放牧饲养。德州驴属于节粮型家畜，日粮中粗饲料 5kg 足够，精饲料以玉米、麸皮、豆饼为主，1kg 即可满足成年德州驴的日需要量。

图 1-1　德州驴

第三节　品种形成的历史过程

家驴是由野驴驯化而来，野驴有两种：非洲野驴和亚洲野驴。其中非洲野驴产于非洲东北部，有两个亚种——索马里野驴和努比亚野驴，索马里野驴分布于索马里北部和埃塞俄比亚北部，努比亚野驴主要分布于苏丹红海山脉和厄立特里亚东部；亚洲野驴有五个亚种，其中产于我国的有藏野驴和蒙古野驴，主要分布在高原、有稀疏灌木的沙漠平原及丘陵地带。现有多个分子生物学证据证实非洲野驴是家驴的祖先：早在新石器时代，在非洲已形成驴的亚属，其中就有现代驴，至青铜器时代，驴已驯化成家畜。

在我国，最早的野驴化石发现于第四纪中、晚更新世地层中。根据中国第四纪哺乳动物地理区划（薛祥熙和张云翔，1994），野驴化石在我国发现于9省19处，这些化石出现在人类旧石器时代，当时野驴已是中国猿人主要的狩猎对象。我国现有的部分家驴，仍保留着野生驴的某些毛色、外形特征和特性。野驴和家驴交配可以繁殖后代。

德州驴作为我国著名的役肉兼用驴品种，距今已有300多年的历史。因清朝时期德州水运发达，是重要的陆路枢纽，有九达天衢、京津门户之称，为全国重要的商贸重镇，所以当时周边商户、农民常用驴驮运各类物资去德州进行商品交易。时间长了，德州就逐步成为驴的集散地，"德州驴"之名也由此而来。目前德州驴主要分布在山东聊城、德州、滨州、济南、菏泽以及河北沧州等地区。德州驴适应能力很强，具有耐粗饲、抗病力强等特点，深受各地农民的喜爱。德州驴个体大、皮厚、出胶率高，是熬制阿胶的上等原料。

20世纪70—80年代，在德州农村的田间、地头和场院，到处可见德州驴忙碌的身影；在漫长的公路运输线上，由德州驴地排车组成的一串串昼夜兼程、响铃叮当的长蛇阵，更是令过来人难以忘怀的一道风景。长期以来，德州驴不仅为当地的农副业生产做出了重大贡献，而且曾作为优良种畜被引至全国的24个省、自治区、直辖市，甚至还在国防建设中发挥过重要作用。自中华人民共和国成立至20世纪70年代早期，经常有部队到德州成批选购德州驴，主要用作与军马杂交，生产拉炮车和军需运输的军骡。

德州驴是我国的大型驴种和优秀的地方品种，根据外貌分为"三粉驴"和"乌头驴"两大类型。

一、三粉驴

三粉驴全身毛色纯黑，唯鼻、眼周围和腹下为白色，四肢细而刚劲，肌腱明显，蹄高而小，皮薄毛细，头清秀，耳立，体重偏轻，步样轻快，适应能力很强，具有耐粗饲、抗病力强等特点。三粉驴生长发育快，12～15月龄性成熟，2.5岁开始配种。1岁驹体高、体长为成年驴的85%以上。母驴一般发情很有规律，终生可产驹10头左右，25岁好驴仍可产驹；公驴性欲旺盛，在一般情况下，射精量为70mL，有时可达180mL，精液品质好。作为肉用驴饲养，屠宰率可高达53%，出肉率较高，为小型毛驴改良的优良父本。单驴拉车载重750kg，日行45～55km，可连续多日拉车。最大挽力

占体重的 75％。

表 1-1　三粉驴的平均体尺

性别	体高（cm）	体长（cm）	胸围（cm）	管围（cm）	体重（cm）
公	139.81	141.50	154.81	20.25	318.44
母	131.24	134.46	151.84	17.51	281.47

数据来源：禹城惠民科技有限公司养殖场。

二、乌头驴

乌头驴全身毛色乌黑无任何杂毛，各部位均显厚实，四肢较粗重，蹄低而大，体重偏重，胸宽而深，堪称中国现有驴种中的"重型驴"，配马生骡质量尤佳。

1. 乌头驴的品系来源　乌头驴以山东的无棣、庆云、沾化、阳信和河北的盐山、南皮为中心产区。乌头驴作为德州驴的一个品种，主要产在黄河冲积平原，产地的自然、社会、经济条件大体一致。海拔较低，地势平坦，农业发达，盛产各种粮棉等作物，产地农民有种植苜蓿养畜的习惯，因而驴的饲草来源丰富，且近海处有大面积天然草地便于放牧。由于农业和盐业对动力的需求，经过长期的选育和精心的饲养管理，最终形成了这一优良的品系。

2. 乌头驴的外貌特征　乌头驴全身乌黑，无白章。体形方正，外形美观，高大壮实，结构匀称。头颈、躯干结合良好。公驴前驱宽大，头颈高昂。眼大，嘴齐，耳立。鬐甲偏低，背腰平直，尻稍斜，肋拱圆。四肢坚实，关节明显。该类型驴体质偏疏松，体型厚重。乌头驴的平均体尺见表 1-2。

表 1-2　乌头驴的平均体尺

性别	体高（cm）	体长（cm）	胸围（cm）	管围（cm）	体重（kg）
公	134.75	133.92	151.67	19.56	296.89
母	131.35	133.08	149.79	17.58	269.04

数据来源：禹城惠民科技有限公司养殖场。

3. 乌头驴的役用性能　乌头驴役用性能良好，最大挽力为 170～175kg，平均相当于体重的 75％，其中公驴为体重的 81％，母驴为体重的 69％。单驴拉小胶轮车，平道运输，载重 750kg，日行 40～45km。

4. 乌头驴的繁殖性能　乌头驴生长发育快，1 岁时体高达成年驴的 75％左右。12～15 月龄性成熟，2.5 岁开始配种。母驴终生可产驹 10 头左右，应用人工授精技术，最高可产 13 头。

5. 乌头驴的经济价值　　乌驴皮是熬制"九朝贡胶"的主要原料。明代伟大的医药学家李时珍的《本草纲目》中记载："其胶以乌驴皮得阿井水煎成乃佳尔"。

此外，通过不同加工工艺，驴肉可制成五香驴肉、酱驴肉、驴肉干和驴肉香肠等；驴骨还能加工成驴骨胶原蛋白，用于生产化妆品；驴血可用于提取血清抗体等。

第二章

德州驴品种特征和性能

第一节　体型外貌

德州驴体格高大，结构匀称，外形美观，体型方正，头颈躯干结合良好。在同一地区的生态条件下，家驴的体格较马小，外形单薄，体幅狭窄，耳长而大，额宽突出，鼻、嘴比马尖而细。颈细而薄，前额无门鬃，颈脊上的强毛稀疏而短，不如马的发达，鬐甲处无长毛，尾细毛少而短，四肢被毛极少或无。被毛细、短，毛色比马单纯，且多为灰、黑两色。驴的肩部短斜，故显背长腰短，腰椎数主要以五根为主，少量驴个体为六根腰椎。横突短而厚，故腰短而强固，利于驮运。四肢细长，蹄小而高，蹄腿利落，行动灵活。

德州驴毛色分三粉（鼻周围粉白，眼周围粉白，腹下粉白，其余毛为黑色，彩图1）和乌头（全身毛为黑色，彩图2）两种。成年德州驴体重、体尺和体尺指数具体见表2-1。公驴前躯宽大，头颈高扬，眼大嘴齐，有悍威，背腰平直，尻稍斜，肋拱圆，四肢有力，关节明显，蹄圆而质坚。德州驴平均体高一般为130～145cm，最高的可达165cm。

表2-1　成年德州驴体重、体尺

性别	体重（kg）	体长（cm）	体高（cm）	管围（cm）	胸围（cm）
公	318.35	138.48	137.55	20.10	154.73
母	283.75	134.09	131.10	17.54	151.47

数据来源：禹城惠民科技有限公司养殖场。

新生驴驹平均体重和体尺数据统计发现，新生驴驹体重平均为29.2kg，

到 24 月龄（2 岁）达到 234kg，最高可达 241kg；新生驴驹体高平均为 87cm，
到 24 月龄时达到 130cm，最高可达 133cm，见表 2-2。

表 2-2　不同月龄驴驹平均体重和体尺

项目	年份	体重(kg)	体高(cm)	体长(cm)	胸宽(cm)	胸深(cm)	胸围(cm)	管围(cm)	尻长(cm)	尻宽(cm)	数量(头)
新生	2015 年	27.0	86.1	58.6	14.0	21.6	70.0	11.3	22.5	17.2	65
	2016 年	29.2	87.2	60.6	16.9	27.7	69.9	10.8	22.3	17.0	300
	2017 年	31.4	87.9	63.1	16.7	27.5	71.1	10.1	22.8	17.5	220
3 月龄	2015 年	76.9	103.3	88.7	19.5	31.2	97.6	13.4	29.7	23.8	65
	2016 年	78.4	102.8	89.9	22.5	35.4	96.0	12.4	30.7	22.8	265
	2017 年	90.6	107.4	91.6	22.7	35.5	101.5	12.7	30.6	23.0	220
6 月龄	2015 年	106.5	106.6	97.8	22.5	39.6	103.4	13.6	32.5	26.2	65
	2016 年	126.9	114.6	104.8	25.7	41.9	112.8	13.7	34.9	28.7	265
12 月龄	2014 年	175.9	124.0	110.9	27.1	45.3	126.3	15.7	37.3	35.2	20
	2015 年	160.9	120.0	118.9	28.9	46.2	130.6	15.3	40.1	36.6	29
	2016 年	161.5	122.0	117.5	26.1	46.7	124.5	15.1	34.8	31.9	70
	2017 年	181.7	125.5	118.5	27.7	48.9	129.6	15.4	38.8	34.6	47
24 月龄	2014 年	226.5	127.5	119.0	30.0	53.5	143.5	15.0	41.3	37.5	6
	2015 年	235.0	130.3	127.0	30.6	53.6	141.3	15.2	40.0	40.6	29
	2016 年	241.0	133.0	131.3	30.4	53.9	142.2	17.0	44.0	39.0	60

数据来源：东阿黑毛驴研究院。

第二节　生物学特性

一、德州驴抗病能力强

驴的正常体温为 36.4～38.4℃，比马低，因此维持能量消耗比马少。驴
的抗病能力较强，发病率占驴群的 10％左右。驴对马传染性贫血病病毒不易
感染，同时驴不易患结核病、布鲁氏菌病。

二、德州驴消化能力强

驴的消化能力强，对饲料消化比较充分。据研究，驴和骡对粗纤维的消化
能力均比马高，其中驴比马高约 30％，故驴较马更耐粗饲且粪球小而光滑。

饲养方面，驴和骡的采食量较马小，驴较马小 30%～40%。驴的神经活动较均衡稳定，采食慢，能沉着地嚼细，不贪食。驴不仅采食量小，饮水量也小。驴能耐饥耐渴，抗脱水能力很强，冬季耗水量约占体重的 2.5%；夏季耗水量约占体重的 5%。当失水量达体重的 20% 时，仅表现食欲略有下降；当脱水量达体重的 25%～30% 时，无显著不良表现；通常情况下一次饮水常可补足所失去的水分，最大饮水量为体重的 30%～33%。

三、德州驴生化指标不完善

目前，德州驴生化指标检测工作尚不完善，建议参考英国驴生化指标及血常规的检测，见表 2-3 和表 2-4（Burden et al.，2016）。

表 2-3　英国驴生化指标的均值及范围

电解液	下限	上限	均值	样品数	1	2	3
甘油三酯（mmol/L）	0.6（0.4～0.67）	2.8（2.6～8.4）	1.4	138	48%	100%*	N/A
肌酸磷酸激酶（IU/L）	128（124～132）	525（410～813）	208	137	83%	98%*	45%
谷草转氨酶（IU/L）	238（192～251）	536（508～595）	362	137	38%	68%	100%*
谷氨酰转移酶（IU/L）	14（12～17）	69（58～87）	24	138	88%	100%*	63%
谷氨酸脱氢酶（IU/L）	1.2（0.7～31.3）	8.2（6.3～9.6）	2.5	136	97%*	100%*	N/A
碱性磷酸酶（IU/L）	98（83～101）	252（234～270）	152	138	35%	50%	N/A
胆汁酸（μmol/L）	2.6（1.3～3.8）	18.6（17.2～19.8）	10.2	84	25%	100%*	N/A
总胆红素（μmol/L）	0.1（0.0～0.3）	3.7（3.3～4.2）	1.6	138	0%	70%	68%
血清总蛋白（g/L）	58（54～58）	76（75～77）	65	138	95%*	100%*	93%*
白蛋白（g/L）	21.5（20～22）	31.6（31～34.2）	26	137	35%	100%*	25%
球蛋白（g/L）	32（30～33）	48（47～51）	38	137	48%	100%*	100%*
肌酐（μmol/L）	53（31～62）	118（115～135）	87	138	60%	100%*	23%
尿素（μmol/L）	1.5（1～1.8）	5.2（4.9～6.3）	3.2	138	83%	95%*	70%
淀粉酶（IU/L）	1（1～1）	10.6（9～13）	4	137	85%	100%*	N/A
脂肪酶（IU/L）	7.8（6.8～8.2）	27.3（25.5～39.9）	12.9	138	100%*	100%*	N/A
钙（mmol/L）	2.2（2.1～2.3）	3.4（3.5～3.7）	3	118	55%	N/A	15%
钠（mmol/L）	128（127～128）	138（137～139）	133	137	50%	83%	100%*
钾（mmol/L）	3.2（2.6～3.5）	5.1（4.9～5.3）	4.3	137	95%*	58%	43%
氯（mmol/L）	96（94～97）	106（105～107）	102	136	53%	100%*	100%*
胆固醇（mmol/L）	1.4（1.4～1.5）	2.9（2.7～3.1）	2	137	53%	100%*	N/A

注：1、2、3 是前人对驴生理指标的研究，N/A 表示这个指标不适用于评估，* 表示可被采用。

表 2-4　英国驴血常规参考的均值及范围

电解液	下限	上限	均值	样品数	1	2	3	4
红细胞数（10^{12}个/L）	4.4（4.2～4.6）	7.1（6.6～8.4）	5.5	137	8%	100%*	38%	98%*
血细胞容量（%）	27（25～28）	42（40～46）	33	137	68%	90%*	30%	100%*
血红蛋白浓度（g/L）	89（85～93）	147（138～156）	110	137	65%	95%*	N/A	0
平均血红蛋白量（pg）	17.6（15.9～18.4）	23.1（22.7～24）	20.6	137	8%	93%*	N/A	93%*
平均血红蛋白浓度（g/L）	310（286～313）	370（363～376）	340	137	65%	95%*	N/A	98%*
平均红细胞体积（fL）	53（49.5～54.7）	67（66.1～71.0）	60	137	0%	93%*	78%	100%*
中性粒细胞（%）	23（13.5～26.9）	59（53.7～60.0）	38.3	138	0%	100%*	N/A	N/A
中性粒细胞计数（10^9个/L）	2.4（0.9～2.5）	6.3（6.0～6.9）	3.7	138	60%	100%*	100%*	N/A
嗜酸性粒细胞（%）	0.94（0.3～1.3）	9.1（8.3～12.8）	4.0	138	35%	100%*	N/A	N/A
嗜酸性粒细胞计数（10^9个/L）	0.1（0.02～0.1）	0.9（0.85～1.2）	0.4	138	58%	100%*	100%*	N/A
嗜碱性粒细胞（%）	0（0～0）	0.5（0.45～1.4）	0.05	138	N/A	100%*	N/A	N/A
嗜碱性粒细胞计数（10^9个/L）	0（0～0）	0.066（0.06～0.13）	0.005	138	N/A	100%*	63%	N/A
淋巴细胞（%）	34（31.7～37.6）	69（67.4～84.4）	54	138	3%	95%*	N/A	N/A
淋巴细胞计数（10^9个/L）	2.2（1.4～3.0）	9.6（8.3～10.7）	5.7	138	5%	90%*	40%	N/A
单核细胞计数（%）	0（0～0）	7.5（6～10.3）	3.0	138	68%	88%	N/A	N/A
单核细胞计数（10^9个/L）	0（0～0）	0.75（0.61～1.1）	0.30	138	35%	100%*	100%*	N/A
血小板计数（10^9个/L）	95（75～100）	384（360～467）	201	137	53%	N/A	48%	N/A
红细胞体积分布宽度（%）	16.1（16.0～16.5）	22（21.3～22.3）	18.3	137	N/A	N/A	N/A	N/A

注：1、2、3、4 是前人对驴生理指标的研究，N/A 表示这个指标不适用于评估。* 表示可被采用。

　　笔者所在课题组对 44 头德州驴血液样本进行了生化指标和血常规的检测，结果见表 2-5 和表 2-6。通过数据的比较可以看出，德州驴血液生化指标的检测结果与英国驴的检测结果基本一致。在这方面还需继续开展相关研究工作来指导生产。

表 2-5　德州驴血液生化指标

指　标	平均值
谷丙转氨酶（IU/L）	6.32
谷草转氨酶（IU/L）	307.57
总胆红素（μmol/L）	0.94
直接胆红素（μmol/L）	0.62

（续）

指　　标	平均值
间接胆红素（μmol/L）	0.32
总蛋白（g/L）	66.37
白蛋白（g/L）	29.62
球蛋白（g/L）	36.75
碱性磷酸酶（IU/L）	211.59
谷氨酸转肽酶（IU/L）	23.11
尿素氮（μmol/L）	4.43
肌酐（μmol/L）	60.70
葡萄糖（mmol/L）	4.56
总胆固醇（mmol/L）	1.86
甘油三酯（mmol/L）	0.63
高密度脂蛋白胆固醇（mmol/L）	1.07
低密度脂蛋白胆固醇（mmol/L）	0.33
极低密度脂蛋白（mmol/L）	0.29
钾（mmol/L）	4.04
钠（mmol/L）	132.98
氯（mmol/L）	99.05
钙（mmol/L）	3.06
镁（mmol/L）	1.11
磷（mmol/L）	1.09

表 2-6　德州驴血液血常规指标

指　　标	平均值
白细胞（10^9 个/L）	11.10
红细胞（10^{12} 个/L）	6.29
血红蛋白（g/L）	127.58
血细胞压积（%）	37.29
血小板（10^9 个/L）	165.09
中性粒细胞（%）	38.53
淋巴细胞（%）	50.36
单核细胞（%）	12.52

（续）

指　　标	平均值
嗜酸性粒细胞（%）	4.89
嗜碱性粒细胞（%）	0.47
中性粒细胞计数（10^9 个/L）	4.14
淋巴细胞计数（10^9 个/L）	5.42
单核细胞计数（10^9 个/L）	1.41
嗜酸性粒细胞计数（10^9 个/L）	0.54
嗜碱性粒细胞计数（10^9 个/L）	0.05
平均红细胞体积（fL）	59.60
平均血红蛋白量（pg）	20.39
平均血红蛋白浓度（g/L）	342.12
红细胞分布宽度（%）	18.13
血小板平均体积（fL）	6.94
血小板分布宽度（%）	15.50

第三节　生产性能

目前德州驴的养殖进入规模化养殖模式，部分规模化驴场已逐步开展规范的生产性能测定工作。

一、繁殖性能

德州驴性成熟较早，12～15 月龄表现性成熟，出生后第 1 年发育很快，2 岁左右即开始使役、配种，可役用 16～20 年。母驴一般情况下发情规律，终生可产驹 10 头左右；种公驴性欲旺盛，一般情况下，平均每次射精量为 70mL，高时可达 180mL；精子密度平均 1.8 亿个/mL，最高达 5.5 亿个/mL，取决于采精间隔及射精量；精子活力强，常温下存活 72h，精子在母驴体内可存活 135h；精液多为乳白色、乳黄色，pH 为 7.5～7.9。

二、生长性能

生长发育快，在良好的饲养管理条件下，驴驹 1 岁时的体重和体长最高分别可达到成年驴的 90％、85％以上。成年公驴平均体高为（140.5±3.8）cm，平均体长为（138.8±3.8）cm，胸围为（149.2±4.5）cm；成年母驴平均体高为（135.0±4.8）cm，平均体长为（134.2±5.3）cm，胸围为（145.0±8.2）cm。

三、屠宰性能

德州驴在未经育肥的条件下，屠宰率为 40％～46％，净肉率为 35％～40％，经过育肥后屠宰率可达 50％以上。

笔者所在课题组以 49 头德州驴（40 头三粉驴，9 头乌头驴）作为实验动物开展了屠宰实验，剔除各脏器（心、肝、脾、肺、肾）附带脂肪、去除消化道内容物并剔除附带脂肪，测量胴体重、净肉重、骨重以及皮重。测量各脏器肾重量，测量消化道（胃、小肠、大肠）长度和去除内容物后重量，计算屠宰率、净肉率、脏器系数，结果见表 2-7。

表 2-7　德州驴的屠宰性能

品种	胴体重（kg）	屠宰率（％）	净肉率（％）	骨率（％）	皮率（％）
三粉驴	128.82	54.02	42.43	11.68	8.34
乌头驴	123.21	53.71	40.32	13.39	9.41

四、内脏器官

包括心、肝、脾、肺、肾、肠及生殖器官等（彩图 3 至彩图 10）。

内脏器官的重量和脏器系数在一定程度上直接影响动物的生长发育和健康状况。数据分析发现（表 2-8、表 2-9），三粉驴的心脏、脾脏、肺脏重量比乌头驴的重，肾脏比乌头驴的轻，但差异不明显（$P > 0.05$）。三粉驴的肝脏显著重于乌头驴（$P < 0.01$）。三粉驴的肠道长度略长于乌头驴。德州驴的脏器系数明显比小型驴的高，推测内脏器官的发育与大型驴的生长发育有关。

表 2-8　德州驴小肠和大肠的重量和长度

品种	小肠		大肠	
	重量（kg）	长度（cm）	重量（kg）	长度（cm）
三粉驴	3.58	12.01	7.39	5.00
乌头驴	NA	9.79	NA	4.87

注：NA 表示数据缺失。

表 2-9　德州驴的内脏器官及脏器系数

品种	心脏 (kg)	心脏 系数 (g/kg)	肝脏 (kg)	肝脏 系数 (g/kg)	脾脏 (kg)	脾脏 系数 (g/kg)	肺脏 (kg)	肺脏 系数 (g/kg)	肾脏 (kg)	肾脏 系数 (g/kg)
三粉驴	1.38	5.94	3.86	16.46	0.83	3.58	2.50	10.72	0.71	3.06
乌头驴	1.30	5.67	3.31	14.43	0.78	3.38	2.48	10.83	0.74	3.22

注：NA 表示数据缺失。

第三章
德州驴品种保护

第一节　保种概况

驴的保种就是保护驴的生物多样性（包括驴种起源、地域来源、生态类型、经济用途和文化特征等）或遗传资源（家畜存在的具有明显潜在利用价值的遗传变异，即基因资源），利用现代生物学技术开展品种选育、鉴定登记、生产性能测定和遗传性能评定等一系列具体工作。保种不仅要保存，更要使其优良性能得到提高和发展。

一个优良畜禽品种的形成，是在特定历史条件和地域环境下经自然选择和人工选育的结果，是一个相当漫长的历程，往往需要耗费巨大的财力、物力和几代人的不懈努力。一个品种往往汇集了多种特有的优良基因，是培育优质、高产、低耗畜种和利用杂交优势的宝贵原始材料。在生命科学、生物技术成为尖端科技的今天，发达国家都将物种基因视为一种战略资源，不惜投入巨资和高智力，相互间展开了一场没有硝烟的激烈争夺战。一个优良品种灭绝后所造成的损失，是无法挽回和不可估量的，这种损失虽当时不易被察觉，但随着时间的推移会逐渐显现出来，甚至需要我们的子孙后代为之付出高昂的代价。环顾一下我国畜牧业种业现状，就明白上述担忧既不是杞人忧天，也不是危言耸听。

德州驴是山东省优良地方畜禽品种，经过历代劳动人民的精心培育，逐渐形成了独具特征的地方品种。德州驴品种正面临种群数量急骤下降、种质资源逐步退化等问题，德州驴的保种和保护工作迫在眉睫。

德州驴的保护问题，早已引起农牧部门的重视。20 世纪 70 年代初，山东省农业部门就在德州市的庆云县和无棣县分别建起了德州驴保种场，但因故半途而废。此后，德州市畜牧部门也多次将德州驴的保种问题提上议事日程，甚至制订了计划，写进了文件，结果也屡屡搁浅。国内各界有识之士对德州驴的关切程度，也是局外人士想象不到的。仅近两年，中央电视台、中国农业出版社、山东电视台等单位，就应专家的建议和广大观众与读者的要求，主动与德州联系关于德州驴的宣传与推广事宜，但当他们了解到德州驴的现状后，无不为之惋惜。是什么原因使德州驴的保种工作陷入困境呢？答案有两个，一受属性束缚，二受资金制约。德州驴历来作为役畜使用，属生产力范畴，但在其生产力价值逐渐贬损的情况下，所保之种也就没了市场，没有市场就没有效益，没有效益就无人愿意投资。

第二节　保种技术措施

一、德州驴保种目标

德州驴保种的主要目标有以下几个方面：驴群繁殖力在保证不下降的基础上提升；原种群不出现近交衰退的体质下降和体型结构的不良变异；保证驴群对环境的适应性、抗病力不变；驴群出现的遗传性有害性状或畸形的总频率必须低于 1%，同时在保持保种目标的情况下，50 年全群的近交系数不超过 0.09。

二、德州驴保种技术措施

德州驴的保种采取 12 年一世代，整群换代（避免世代交错）的繁殖继代体制，在后三个相邻繁殖年度的幼驹中确定组成新一代保种群的个体。采用同期发情、人工授精等技术提高母驴的繁殖率，制定不同生长阶段的驴营养需要标准，确保充足的营养需求，同时开展德州驴的全基因组测序，通过分子手段进行保种和保护。

对种公驴和母驴都进行档案记录，包括系谱信息，繁殖记录信息，种公驴精液品质分析，种公驴受孕率统计信息，种公驴后代的体况、体尺信息统计，幼驹生长发育统计等。

第四章
驴品种登记

第一节　品种登记的定义、意义

驴种资源的登记工作是品种保护的首要任务，尤其是对作为我国五大地方品种之一的德州驴更为重要。畜禽登记制度有两种，一种是品种登记，一种是良种登记。

驴的品种登记，是将符合品种标准的驴登记在专门的登记簿中或特定的计算机数据管理系统中。品种登记是驴品种改良的一项基础性工作，其目的是要保证驴品种的一致性和稳定性，促使生产者饲养优良驴品种并保存基本育种资料和生产性能记录，以作为品种遗传改良工作的依据。国内外的家畜群体遗传改良实践证明，经过登记的家畜群体质量提高速度远高于非登记家畜群体，因此，系统规范的品种登记工作，已成为家畜生产特别是实施家畜群体遗传改良方案中不可缺少的一项基础工作。

良种登记，是指对符合品种标准的种畜在进行生产性能测定的基础上，采用现代遗传育种评估技术进行数据整理、分析，将系谱档案、生产性能、外形特征等资料集中于种畜卡，并及时通过专业信息网，向社会发布种畜质量监测信息的工作。根据《优良种畜登记规则》第四条的规定，饲养家畜的单位和个人，可以自愿申请优良种畜登记，任何机构不得强制。良种登记是建立在品种登记基础上的高级登记，需要统计该品种的生产性能和遗传评估结果，是掌握遗传变异来源和建立育种核心群的手段，可为未来培育优良种驴，提高种公驴和种母驴的遗传质量，为向社会推荐优良种驴打下坚实的基础。

驴种质资源的登记工作是保证驴产业健康发展的基础性工作。目前我国驴种质资源面临种质退化、存栏数量减少的危机，必须通过育种的手段保护和开发地方驴品种。品种质量在畜牧业总产值中的贡献率为 40％，而品种登记是育种工作的基础，是正常有序、高效地开展育种和制种工作的第一步。实行品种登记是国际上家畜育种过程中普遍采用的有效措施，也是许多育成品种品质不断巩固提高的成功经验。

开展品种登记工作具有多重作用：

（1）保护驴品种的遗传多样性和完整性　登记的驴品种能申明此驴与国内其他品种拥有平等地位，告知到现在为止它的历史背景和繁殖基础，这样就可以避免近亲繁殖，育种者可根据自己的育种目标进行相应的品种或个体选择，同时也意味着驴具有自己的身份证，对驴的一生也是一种保障。根据驴登记体系，人们可以了解驴群体的发展现状和趋势。品种登记还可为买家提供很多信息，极大地提高了驴的价值。

（2）健全和完善驴的繁育体系　品种登记是实现驴场"动态监测、精细化管理"的重要手段，推动生产实践，为科学保种、选育以及开发利用奠定基础。通过地方驴品种登记系统，可长期地、持之以恒地、动态地监测地方驴的各项生产性能、繁殖性能，包括体尺、体貌等表型性状，科研人员可利用此创新平台，研究挖掘中国地方驴种质特性的遗传机制。

（3）规范驴的生产和流通市场　开展驴品种登记，实现信息共享，可满足全国驴的繁殖、育种、疫病防控、销售过程中的信息快速查询、追溯，防止在交易中出现鱼目混珠、良莠难辨的现象和欺诈行为，有效地保护各方的利益。

第二节　国外驴品种登记体系简介

一、美国驴品种登记体系

美国驴骡协会（American Donkey and Mule Society，ADMS）建立了完善的美国驴良种登记体系，了解美国驴良种登记体系规则，可为我国开展驴的良种登记提供借鉴。

美国驴良种登记体系规则主要包含以下几个方面：

1. 驴的命名及登记　所有的驴在其名字前面必须要有一个索引。索引长度必须小于等于 13 个字母，同时整个名字的长度不超过 30 个字符。第一个登记这头驴的人可以决定选用哪个索引，例如可选用自己的名字、自己农场的名字或者饲养员的名字作为索引，但不建议使用第三方人名作为索引。比如饲养员 Jones 把驴卖给了 Smith，Smith 又转手卖给了 Brown，那么 Smith 若想用其名字作为此驴的索引，则必须将此驴注册在他的名字之下。换言之，Jones 作为饲养员最先去登记此头驴或者 Brown 第一个去登记此头驴都可应用自己的名字作此驴的索引。如果你想用你的名字作索引，你就必须给驴进行登记注册。如果你将仅登记过一次的驴转卖到一个新的农场，很有可能会丢失驴名字前面的农场名。美国国内的驴均须有它们自己的系谱，在未登记前可被转卖多次，但最终却可能以一个从没听说过的名字作为索引。购买了未知饲养员的驴，正常情况下将使用新主人的名字作索引。如果登记者觉得选用的索引已经被使用，要及时上报或者提供其他的选择。不建议使用有引号的标记及阶段性的标记作为索引。索引不能重复，如果太相近的话会要求重新选一个索引。选用索引和注册农场名字并不是同一件事情，索引仅是农场名字的一部分或者其他。

2. 登记名字的变更　必须在以下几个条件同时满足时才可以进行名字的变更：

①此驴必须在 2 岁以下，无论登记时的年龄多少，登记后超过 2 年将不允许变更名字。

②此驴没有任何登记的后代。且对此驴进行第一次登记的人出具了书面授权许可，同时还要遵守名字变更的相关规定。名字变更需要交纳 10 美元费用。原来的登记证书需要交回并附带新的照片（左侧和右侧），最好是展示其夏季毛色的照片。如果动物此时又被转让，还需要交纳 5 美元的额外费用。

3. 驴成年时更新登记证书　在小型驴（也称迷你驴）3 岁以后，或巨型驴 4～5 岁后，所有驴应该获得其重新发行的登记证书。新证书包括成年体高、两侧照片、毛色或其他方面的变化。更新登记证书需交纳 4 美元费用。成年驴登记证书可用最近的驴所有者的名字命名，同时考虑到驴其他方面的性能变化。更新登记证书时需要提供此驴最原始的登记注册证书、成年体高（驴所有者负责测定）、任何毛色或标志的变化、两侧照片以及 4 美元交费凭证。更新登记证书的目的是保证驴 3 岁成年后相关记录和注册证书更准确。如果驴所有者不想更新登记证书，请给注册部门提供一张该驴最新的照片和成年体高数据，以便在未来的系谱中其后代将会有正确的信息。

4. 对成年体高的定义　驴体高测定需要用测杖从驴的脊椎肩隆处垂直测

定，不能使用活动卷尺。固定驴后测定三次以获得准确的读数。要确保普通驴3岁后，巨型驴4~5岁后，在所有的记录中均应包含此个体的成年体高，如果缺乏则为不完整的记录。

5. 所有的注册证书和成年更新都必须提供准确的照片　无论驴个体的年龄大小，在所有的登记申请中均必须提供照片。此条规定一直都未改变。登记时要求同时提供驴左侧和右侧的照片，而前端和后部的照片可选择性提供，除非前端和后部的照片能展示此驴特殊的标志物。照片中毛色必须真实，特别是那些不寻常的颜色，比如栗色、红褐色、杂色等。

对照片的要求是必须能通过照片识别出这头驴。照片背景不能太暗，驴不能离得太远。照片必须真实，请从水平角度给驴拍照，如给小型驴拍照须蹲下。如照片中登记注册的驴被一群驴环绕或者肩背线看不清楚，则照片不会被采用。如果需要重新提供合格的照片，则驴的登记注册会延期。

重新发放证书：由于损坏或其他问题，或者驴的体型外貌发生改变比如毛色发生变化等，在另交纳5美元费用后，可要求重新发放证书。如果是登记部门的错误，那么重新办理证书则免费；如果是在登记时出错，则需要驴所有者另交纳5美元费用。如果丢失了证书，请参考以下办法办理：首先联系原先办理的机构，同时递交书面申请要求重新发放证书，陈述证书在记录时丢失或者损坏。凡未递交书面申请的，将不会重新发放证书。这是为了保证一个驴个体仅有一个证书。此外，还需要交纳10美元费用，同时邮寄新的驴照片。

证书内容的变更：想转让、更新或修正证书等时，必须出示之前带照片的证书。除非必须要修改，否则只能在注册部门职员指导要求下才可在证书上做标记。未达到证书补办申请条件的，材料将返给驴主人。

如果拟登记的驴个体其亲代未登记注册，血缘关系也未知，也可申请注册到 ADMS。当小驴信息满足基本登记要求时，通过审查后可进行登记注册。请将注册申请和检查报告单（交纳费用单和照片）一并上交。如果亲代信息已知，请一并填写到注册申请表中。如果给出了小驴确切的出生日期，则必须提供其母亲的信息。如果不提供其父亲信息，则不会接受给出的小驴出生信息。如果一个或者双亲都未在 ADMS 注册，请提供小驴系谱的复印件。

二、英国驴品种登记体系

英国早在1967年成立了驴协会（the Donkey Show），后于1970年将其更名为驴品种协会（the Donkey Breed Society）。下面将对英国多年来形成的相对完善的驴品种登记体系中的品种协会会员、协会网站、协会活动等进行重点介绍。协会网站发布英国不同地区驴的最新消息，此外还会报道关于驴的新闻，便于公众及时了解驴的趣事。协会网站设有专门用于驴交易的广告版面，前提是拟交易的驴必须在协会进行过登记，并有登记证书（详细内容见 http：//www. thedonkeysanctuary. org. uk/）。

1. 英国驴品种登记体系简介　登记表格可自行下载也可从协会相关部门领取。登记严格按申请时间顺序审核，从申请登记到获得驴登记证书的时间正常至少需要 14d。英国驴品种登记部门一般采用邮件将驴登记证书寄给申请者。通过预付费用或付加急费用或者采用特殊运输信封可缩短办理驴登记证书的时间。所有权的转让通常在申请到达当日就可以办理，并在次日寄回。

驴登记信息如登记号等终生不能改动。登记证书涵盖了登记驴的外貌、名字、出生日期以及相关特征描述。登记是一个终生累积、逐步完善的过程，要对其以后新产生的生产性能的信息不断地进行补充记录。同时也要在登记证书相关页面记录其接种疫苗和兽医治疗的信息，并按照相应的收费标准进行修改。登记证书文件旨在确保每一头驴不仅仅避免被人类食用，还可得到详细的药物治疗记录。关于驴登记（英国）的 2004 年法令可以在线查阅或者从下方网址下载：http：//www. defra. gov. uk/animalh/id－move/horses/pdf/si 2004-1397. pdf。

在登记后，每头驴将获得一本登记证书。实施的种驴登记规则一方面需要符合政府立法的方案，同时也要简洁。亲代若进行了登记，那子代也将会作为后代登记到种驴登记证书中。进口驴若是已经在欧洲纯种驴协会登记过，则会以"欧洲"标记纳入纯种驴条目中，来自欧盟以外进口的登记驴品种将进入外国驴登记条目中。其他驴将根据它们的特征进入最为合适的登记系统中，且所有驴达到最低的登记条件才可进行登记。小型迷你驴出生后将进行基本的登记，若迷你驴成年后身高仍低于 36inch*，将为其分配一个小型驴登记编码（登记证书）。驴品种协会在任何情况下都不能私自更换所有者或者发行其他登记文件，每一份文件均必须正确地返还给管理部门，文件的封皮或者内部均标有管理部门的联系方式。

---

* inch（英寸）为非法定计量单位，1 inch＝2.54cm——编者注

2. 登记费用　登记费用会因是否为会员而不同，非会员交付的登记费用要高于会员所交付的费用。如果是会员，新登记驴：20 英镑；所有权的转换：12 英镑；变更登记数据并打印文件：5 英镑；登记文件丢失后补办：50 英镑（所有权必须与应用程序提交的证据一致）；出具死亡证明：免费。

3. 申请表格填写说明　申请人在填表之前需要认真阅读相关说明，若是有任何疑问，可以致电管理员。在申请表格中若出现任何的错误或者遗漏，表格将会返还给申请人重新填写。拟登记的驴个体，必须在申请之前从颈部植入微型电子芯片，且芯片所含相关内容须与表格内容一致。兽医进行芯片植入手术之前，申请人要将表格出示给兽医。表格填完后，申请人需将表格和应付登记费的支票一并邮寄给驴品种协会。

填写表格时申请人需要注意一些细节：驴名字的命名不超过 25b；毛色必须为身体主要颜色；确切的出生地；身高以厘米为单位计量，不用英尺来计算。仅授权兽医才有资格为拟登记驴植入芯片。未知驴必须先扫描是否存在芯片，并查阅现有的编码记录和它的体形、外貌图案等。

4. 关于驴登记关联申请人所需承担的法律责任　所有者和管理员的主要责任：确保驴能被正确识别和及时登记。所有的驴需要在 6 月龄大的时候获得登记，或者在它们出生当年的 12 月 31 日前获得登记。护照必须和驴一同存在，即使去异地做展示、租赁或者培训时也是如此。除正在接受紧急兽医治疗的驴外，其他时间没有护照的驴均视为非法驴。植入电子芯片的驴个体才可申请登记，且所有者或者饲养员必须确保该驴之前没登记过。完成登记申请时，所有者需要仔细检查登记内容以确保所有的细节均正确，之后在所有者那页签字。不允许一个驴个体拥有超过一份的登记文件（护照）。登记所有权归登记发行组织（PIO）所有，若出现以下情况时，登记需要返还给发行登记的PIO：30d 内更换驴所有者、出现任何的变动（成年驴的颜色和身高的改变、阉割）、额外页码上的接种疫苗的记录更新、文件破损、驴死亡（30d 以内）。

执法机构会要求在 3h 之内提供驴的登记文件（护照）。执法机构在任何时间均可要求检查驴的登记文件（护照），而在以下情况时必须进行检查：英国境内驴的输入输出时、驴参加赛事时、驴移居他地时、屠宰场屠宰驴时、驴出售时、驴繁殖时。登记文件（护照）需要一直伴随着驴，以下特殊情况除外：已登记且长期稳定生活在牧场里的驴；短时间迁到附近且在 3h 之内可以拿到登记文件（护照）；在夏天和冬天放牧的时候迁移的驴；驴小于 6 个月，并和喂养它的母驴生活在一起；当驴参加训练或者竞赛，且参与人需要离开活动场所时；紧急情况下的迁移或者转运。

登记后期：若是驴存活的时间长于登记文件的有效期限，且又要确保每个驴个体均有其登记文件，驴所有者需要再次向 PIO 相关部门提出申请，并交付一定的申请费。

登记文件（护照）的补发：如果护照丢失，可从原始的发证部门申请获得一个新护照。在收到补发申请和补发费用后，可补发一个护照副本，且发证部门会在第二部分的Ⅸ部分签字。如找到了原始的护照，则护照副本需尽快返还给发证部门。

所有者的更换：出售任何没有登记的驴均属违法。购驴过程中必须确保护照与所买的驴匹配。新的所有者必须在 30d 内在相关登记发行机构完成更换所有者的手续。

登记文件（护照）的返还：驴死亡 30d 内需要从相关登记发行机构申请护照注销。返还的护照将会被清楚地盖上"注销"字样，此时其身份证明的页码将会失效，进而防止任何欺诈性使用。屠宰场将直接把注销护照返还给相关登记发行机构。

5. 驴品种协会登记发行组织结构　驴品种协会是环境、食品与农村事务处（Department for Environment，Food，and Rura Affairs；DEFRA）的一个驴登记组织，已在欧盟正式注册，登记编号是 826022。登记申请内容必须准确、完整，同时填写上交给驴品种协会的申请表格，并交纳相应的登记费用。所有的交费凭证将列在申请表格的最后一页，且在驴品种协会网站上公示（http：//www. donkeybreedsociety. co. uk）。

6. 登记申请　驴品种协会由所有者或者屠宰场返还的护照被抽检，以防存在欺诈。如果在每一页上都盖有"已故"和"损伤"的说明，那么移除护照右上角的内容后该护照将失效。任何重要的改变都须向 DEFRA 报告，且保留之前版本的样品副本。

驴品种协会必须遵循数据保密法令，且将以下内容作为登记目的：

①非驴个体数据将本着管理和数据分析的目的被使用和分享。

②驴个体数据，可用于识别驴个体，也可被内部使用（如用于驴品种协会行政目的等），并和马登记立法所要求的一样，即和 DEFRA 共享，和执法机构共享。另外驴个体数据经个人书面申请也可共享。

③所有记录包含的数据需要在计算机运行相应软件条件下获得。要求所有电脑和数据检索系统安全，并配备恰当的反黑客和反病毒的保护措施。在安全条件下保存、拷贝数据。

三、澳大利亚驴品种登记体系

1. 协会简介　澳大利亚驴品种协会（Donkey All Breeds Society of Australia，DABSA）是由最初的"澳大利亚英国驴协会"演化发展而来。1976 年，一部分养驴爱好者（从英格兰、爱尔兰和新西兰进口纯种英国/爱尔兰驴的人，或者是拥有这些驴的第一代后裔的人）自发成立了澳大利亚英国驴品种协会。

为了记录公驴繁殖档案，建立了纯种驴良种登记簿（Stud Book）及英国/爱尔兰杂交驴登记簿。此后，对母驴也开始补充登记。在早期驴繁殖记录过程中，因为进口到澳大利亚的就有多个纯种母驴品种，因此必须对母驴进行身份登记，以符合制定的驴进口标准：既要有英国/爱尔兰驴的形态和遗传特征，且体高不高于 44inch。这些母驴与已登记的纯种公驴交配得到的后代，登记注册为杂交品种。登记簿记录的一系列品种类别：ID、50%、75%、87.5% 和 100%（纯种）。在 2002 年，此协会创建了单独的小型驴登记表，可满足对所有体高的驴品种进行登记注册。2003 年该协会建议对澳大利亚所有品种的驴和骡子都进行登记。2008 年，该协会改名为"澳大利亚驴品种协会"（协会网址：http：//donkeyallbreedsaustralia. org/Home. aspx）。

2. 登记制度　驴名字一旦被登记了，其他人就不能再重复使用。所有的育种者对每头驴均可注册一个良种前缀名称，并持续驴的一生有效，登记费用是 10 美元/头。假如持有该良种前缀名的驴死亡或出售，协会将全部或主要部分的登记号传递给继承人或买方。全名不能超过三个词，用连字符连接的名称不能超过两个词。育种者还可以在协会注册品牌，且不收费。

（1）驹记录　登记簿中记录的驴和骡子在三岁之前需要进行产驹登记。值得注意的是产驹登记不是永久登记。公驴和母驴必须在产驹之前登记，这样二者所生的小驴驹才有资格登记。小驴驹登记必须填写协会的官方申请登记表。这些表由协会免费提供给育种者，一式两份，以便饲养员保留一份副本供自己参考。填写好的申请表必须与相应的登记费用以及四张驴的彩色照片一起邮寄给协会备案。照片要求：每一侧应该有两张相同的照片，其中一侧应是面对相机镜头，照片大小应该是 9cm×9cm。所有申请表必须附上由种驴主人签署的种驴配种服务证书。新生驹登记费用是 10 美元/头。

（2）母驴申请　英国/爱尔兰母驴、澳大利亚农用母驴、宠物驴/特殊用途的母驴和美国小型地中海母驴，从 3 岁起可以被永久登记。而小型驴和美国小型地中海母驴从 3 岁起只能给予临时登记，直到 5 岁时才会给予永久登记，永久登记时须提交四张驴的彩色照片，照片要求同上。母驴成年登记之前没有后代，也可以登记。如果母驴已经进行了生驹成年登记，那么永久登记注册费用是 10 美元/头。如果母驴没有生驹且进行了成年登记，那么永久登记注册费用是 20 美元/头。

（3）公驴登记　英国/爱尔兰公驴、澳大利亚公驴、宠物/特殊用途公驴和美国小型地中海公驴从 3 岁起可以给予永久登记。永久登记需要四张驴的彩色照片，照片要求同上。根据澳大利亚、英国/爱尔兰驴品种协会（EIDSA）登记规定，所有公驴进行成年登记必须由兽医提供健康证明。公驴成年登记之前没有后代，也可以登记。如果公驴进行了生驹登记，成年永久登记费用是 25 美元/头。如果公驴没有进行生驹登记，成年永久登记费用是 35 美元/头。

（4）登记费用　母驴登记为 20 美元（扣除 10 美元生驹记录）；公驴登记为 35 美元（扣除 10 美元生驹记录）；阉驴登记为 10 美元（若已进行生驹记录，则免费）。

（5）登记驴的变更　3 岁及以上的驴在出售或转移之前必须进行成年登记。这是卖方的责任。当一头驴通过销售、礼物馈赠而更改所有权时，所有权的变化必须在协会进行记录，登记文件必须转发给协会的登记员。所有权转让申请必须是协会官方统一的，一式两份（一份用于饲养员记录）。从协会登记员那里可以免费领到这些表，协会将一直保留这些文件，直到新主人成为协会会员，卖方的责任是确保所有转让手续正确地进行。

（6）登记驴的拍卖　如登记过的驴被拍卖，则登记的相关文件必须上交给协会的登记员（或出售后应立即上交，以便潜在购买者可查看文件）。签署完成的转移证书必须递交给拍卖商，出售时将交给买方。买方必须及时联系登记员获得登记文件。

（7）登记驴的牌子　协会规定所有登记的驴要有某种形式的身份鉴定，可能是一个牌子、微芯片或 DNA。如果使用牌子，应当符合如下要求：所有者牌子应挂在靠近驴肩膀的位置，出生日期牌子挂在远离肩膀的位置。出生日期的格式：若 1977 年第一个出生的，写 77 号，第二个出生的，在 77 上面写个 2；第三个，就在 77 上面写个 3，依此类推。

（8）登记驴的死亡或阉割　登记驴死亡或被阉割必须通知协会，确认是记录的驴驹，还是登记的成年驴。以兽医开具的阉驴证明发送给协会的登记员。成年登记的种公驴被阉割，应退还登记费。

（9）登记驴的体高和颜色　不同登记簿可能会有不同的体高或颜色的标准，请参考相应登记簿的规章制度记录体高或颜色。

（10）登记的变更　未登记或已登记的驴申请转移、租赁或属于登记驴的任何其他业务，将会由 EIDSA 的任意一个完全缴费的会员接收或登记。

3. 登记簿的种类　澳大利亚驴品种资源丰富，DABSA 为不同品种驴建立了相应的登记簿。

（1）英国/爱尔兰驴良种登记簿　英国/爱尔兰驴强壮结实，温驯，拥有极好的性情。登记簿将驴按血缘关系分成 5 个等级：100％、87.5％、75％、50％和鉴定母驴（ID 母驴）。100％英国或爱尔兰驴：从英国或爱尔兰进口的英国或爱尔兰驴；或这两种驴的后代；或两个登记为 100％英国/爱尔兰驴的后代；或者两个分别登记为 87.5％和 100％英国/爱尔兰驴的后代。鉴定母驴（ID 母驴）：母驴应遗传英国/爱尔兰驴的类型；最大体高不超过 44inch；3 岁以下的未成年驴将进行临时登记（双亲应已在 DABSA 登记）；父母在生驹之前已经进行过成年登记。

（2）美国巨型驴良种登记簿　DABSA 美国巨型驴良种登记簿将自动对进口的美国巨型驴进行登记，包括它们的后代，分 4 个等级：100％、87.5％、75％和 50％。DABSA 对 100％巨型驴体高的要求是：母驴高于 56inch；公驴高于 56.8inch。杂交驴分为三类：类型 A-87.5％，类型 B-75％，类型 C-50％。

（3）美国小型地中海驴良种登记簿　DABSA 美国小型地中海驴良种登记簿，分 4 个等级：100％、87.5％、75％和 50％。100％纯种美国小型地中海驴：任何出生在美国并从美国或加拿大输出的小型地中海驴；或者 DABSA 委员会接收的在其他登记体系中登记的两个这样的亲本产生的后代；或者两个 100％纯种美国小型地中海驴的后代；或登记为 87.5％和 100％的美国小型地中海驴的交配后代，其中 100％纯种美国小型地中海驴的父母、祖父母和曾祖父母在 3 岁时身高都不超过 92cm；并且 3 岁时成年体高不超过 92cm。杂交驴分为三类：类型 A-87.5％，类型 B-75％，类型 C-50％。

（4）澳大利亚小型和基础小型驴登记簿　澳大利亚小型驴：5 岁时成年体高不超过 92cm；临时驴驹登记，其中一个家长 5 岁时体高不高于 92cm，并且另一家长的体高不高于 97cm。澳大利亚基础小型驴：5 岁时成年体高必须大于等于 92cm，但不高于 97cm；临时驴驹登记，其父母 5 岁时体高必须均不高于 97cm。

（5）澳大利亚役用驴登记簿　澳大利亚役用驴是指二战期间进口到澳大利亚的那些驴的后代，目的是为了进行驴和骡育种改良工作。标准：驴的体高大于等于 114cm，无毛色污染，没有混入已知的英国/爱尔兰或地中海驴的血统，从 1990 年以来进口的巨型驴血统不超过 25％。

（6）澳大利亚宠物/特殊用途驴登记簿和澳大利亚马骡/驴骡登记簿　这两个登记簿可分别接纳那些希望加入表演或宠物伴侣的骡和驴，或那些不用于繁殖的骡和驴，或不符合其他品种或体高登记标准的骡和驴。

第三节　纸质登记及电子芯片登记概况

良种登记是对符合品种标准的种畜在进行生产性能测定的基础上，采用现代遗传育种评估技术进行数据整理、分析，将系谱档案、生产性能、外形特征等资料集中于种畜卡上，并及时通过专业信息网，向社会发布种畜质量监测信息的工作。

我国驴品种等级体系尚不完善，仍处于起步阶段，为保护品种资源，亟须需建立一套地方驴品种登记体系。目前，驴品种登记方式主要有纸质登记和电子芯片登记。

一、纸质登记

（1）基本情况包括场名、场址、品种、品系、个体编号、出生日期、出生地、初生重、外貌评分、登记时间等基础信息。分别见表 4-1 和表 4-2。

（2）二代系谱完整，并具有父母本生产性能或遗传力评估的完整资料。

（3）生长性能主要包括体高、体重、胸围率、管围率、体质外貌评分等。

（4）为了要准确掌握良种驴的外观特征，可用相机给每头驴拍照，照片的编号和驴的编号一一对应，通过数据线将照片导入软件的数据库中存储，以便

表 4-1 母驴繁殖记录

胎次	驴号	性别	毛色	配种日期	配怀情期	产驹日期	怀孕期	公驴号	早产	流产	驴驹去向		产驹难易
											出售	死亡	
1													
2													
3													
4													
5													
6													
7													
8													
9													
10													
11													
12													

表4-2 母驴育种登记卡

毛色： 驴号： 产地： 出生日期：

♂驴号： 毛色：
| | H： | X： | K： | | L： | G： | PH： |

♀驴号： 毛色：
| | H： | X： | K： | | L： | G： | PH： |

♂驴号：毛色：	H：	X：	K：	L：	G：	PH：	♂驴号：毛色：	H：	X：	K：	L：	G：	PH：
♀驴号：毛色：	H：	X：	K：	L：	G：	PH：	♀驴号：毛色：	H：	X：	K：	L：	G：	PH：
♂驴号：毛色：	H：	X：	K：	L：	G：	PH：	♂驴号：毛色：	H：	X：	K：	L：	G：	PH：
♀驴号：毛色：	H：	X：	K：	L：	G：	PH：	♀驴号：毛色：	H：	X：	K：	L：	G：	PH：

生长发育记录

	体尺(cm)			体重(kg)
初生	L H	G X	PH K	
6月龄	L H	G X	PH K	
12月龄	L H	G X	PH K	
18月龄	L H	G X	PH K	
24月龄	L H	G X	PH K	
36月龄	L H	G X	PH K	
72月龄	L H	G X	PH K	

疾病记录

防疫记录

随时调用。

（5）转让、出售、死亡、淘汰等情况。

（6）须安排专人负责填写和管理优良种驴登记卡，并将登记信息录入计算机管理系统，不得随意涂改。优良种驴登记卡等书面信息资料，至少保存 15 年；电子信息资料长期保存。

（7）登记的优良种驴被淘汰、死亡的，畜主应当在 30d 内向管理部门报告，登记的优良种驴出售的，应当附优良种驴登记卡等相关资料，并及时向管理部门报告，办理变更手续。

二、电子芯片登记

目前，部分地区驴品种登记采用固定于耳部的电子芯片，方便，快捷，效率高。最近，已经出现了微型电子芯片（Radio Frequency Identification，RFID）管理系统，只有米粒大小的体内注射型 RFID，由玻璃胶囊制作而成，可以利用注射器等工具直接注入动物皮下，很难在动物体内分解（彩图 11）。已经应用于宠物狗、猫上，该芯片相当于人的居民身份证。注入动物体内的电子芯片，不仅记录宠物的健康、血统等信息，而且还拥有主人的基本信息。RFID 技术在一些规模化驴场已用于驴良种登记工作中。

第五章
驴基因组研究

第一节　驴基因组研究的意义

一、开展德州驴的基因组学研究，是开展种质创新利用和分子育种的基础

基因作为生物资源的载体，已成为继国土（矿产等）资源之后一种战略资源，使得生物基因组全序列的测定成为世界关注的焦点和竞争的热点。目前，已有600多种动植物的全基因组测序计划先后完成。中国参与了人类和水稻的基因组测序计划，主导完成了血吸虫、家蚕、黄瓜和大熊猫的全基因组测序，这些工作的完成在国际上引起了巨大反响。驴的基因组项目的实施，是继鸡、牛、猪基因组测序之后，畜禽生命科学的又一里程碑式的贡献。驴基因组工作的开展也意味着世界驴学科和产业发展新的开始。一个物种基因组全序列的测定有助于科学家从整个基因组规模深刻认识、研究物种，阐明基因的结构与功能关系，探索细胞的生长、发育、分化的分子机理及疾病发生机理，利用有利基因加速定向改良和培育生物新品种等。

驴基因组研究获得一手的数据是科学研究的基础。驴的科学研究，特别是以基因组为平台的各项研发，能给养驴业提供更多的专业基础知识，促进驴产业的科技进步，也给育种、优质品种杂交带来指导，提高经济效益。通过测序及相关研究掌握驴基因组信息并探索与生物进化相关的重要基因，全面提升在分子生物学等研究方面的总体水平和创新能力，可确立我国在该领域的核心地位和国际竞争力。

此外，开展大规模驴基因资源研究，保护我国驴基因资源，重点发掘一批

具有自主知识产权和较大科学研究、应用价值的功能基因，用于申请知识产权专利，这对核心技术的掌握，后续开展技术研发、创造经济价值都很有好处；还可搭建数据库及海量数据分析平台，为后续研究驴功能基因打下坚实基础。

二、德州驴基因组学的研究，为开展全基因组选择育种工作奠定基础

全基因组选择（Genomic Selection），是近年来畜禽分子育种的全新策略，成为继 20 世纪 40—50 年代的杂交育种技术和 90 年代的 BLUP 技术之后的新的育种技术，已成为动植物分子辅助育种的热点和趋势。牛的基因组研究及其应用，给驴种质创新及新品种培育提供了新思路及新方法。要建立驴的全基因组选择体系，就必须阐述清楚驴基因组的遗传变异，进而筛选、找到驴全基因组的功能分子标记。全基因组重测序技术通过个体或群体重测序和差异比较，可建立该物种的变异数据库，挖掘重要优良性状的关键候选基因，通过生物信息学手段，可以判断个体间的亲缘关系，找到调控某些性状的关键基因等，具有重要的科研价值和产业价值。

根据《中国农业年鉴》《中国统计年鉴》的数据，我国近 10 年来驴存栏量逐年减少，年均减少约 30 万头。除了数量锐减外，驴品种退化也非常严重，主要表现在生长速度减慢、产肉率降低、体型变小等方面。依靠常规育种手段解决上述难题，周期长、见效慢。牛的全基因组选择研究及其应用，给驴种质创新及新品系培育提供了新思路及新方法。与传统奶牛育种体系相比，全基因组选择能大幅度缩短世代间隔，提高青年公牛及母牛的选择准确性，改善功能性状的评估准确性，有效控制群体近交，降低后裔测定成本 90％以上，显著提高了遗传改良速度。通过对德州驴基因组研究，分析确定影响体高、毛色和肉品质等性状的基因并应用，建立驴全基因组选择体系并应用于品种培育过程中，将是解决驴产业发展问题最先进、最科学的方法。

三、已经报道的驴基因组研究概况

2009 年 11 月，Wade 等（2009）在 *Science* 期刊中发表了马的基因组精细图谱，之后，2013 年 7 月 Orlando 等（2013）在 *Nature* 期刊中发表了晚更新世时期马的基因组序列，在该文章中同时完成了五个现代家马品种的基因组序列草图、一匹 Przewalski 马和一头驴的基因组序列草图进行了对比。比较基

因组研究结果表明，所有现代马、斑马和驴的马属动物分支起源于距今 500 万～450 万年前。通过低覆盖度的测序 Reads 确定了驴的基因组大小约为 2.35Gbp。

2015 年 9 月，内蒙古农业大学芒来教授科研团队完成了关中驴和蒙古野驴基因组测序工作，论文《家驴和野驴基因组对快速核型进化印记的启示》发表于 Nature 子刊 Scientific Reports（Huang 等，2015）。在这项研究中，首次描绘了关中驴和蒙古野驴的基因组图谱。其中，关中驴基因组测序覆盖度达 42.4 倍，拼接得到基因组大小为 2.36Gbp，scaffold N50 为 3.8Mbp。通过比较基因组学的分析，研究人员发现了 706 个马的快速进化的基因和 1 292 个驴的快速进化的基因。关中驴的快速进化的基因主要富集在有氧呼吸、脑发育、淋巴细胞分化的调节、三羧酸循环和乙酰-CoA 的分解代谢过程。这些变化可能反映了驴的更有效的能量代谢和更强的免疫力。研究还发现，在失去着丝粒功能的"旧"位点附近有丰富的卫星序列，但新形成的着丝粒位点附近没有；反之，"新"位点附近出现很多核糖体 RNA，这又是废弃着丝粒位点附近没有的。以前的研究并未发现着丝粒位点跳跃和任何 DNA 序列特征相关联，因此本发现对马科动物的基因组研究和哺乳动物染色体研究有重要意义。

2018 年 4 月，一个来自丹麦、马来西亚、法国和英国的研究小组进行了驴的基因组分析以了解它的进化史，研究成果发表在 Science Advances 上（Renaud 等，2018）。该研究小组提出了一种新的高质量驴基因组组装技术：Chicago HiRise 组装技术，将驴基因组组装到亚染色体水平（scaffolds 大小比之前报道的大 4 倍）。Renaud 等共计组装得到 2.32Gbp 驴基因组数据，覆盖度为 61.2 倍，scaffold N50 为 15.4Mbp，最长 scaffold 为 84.2Mbp。Chicago HiRise 的本质是一种体外的 Hi-C 建库技术，和普通的体内 Hi-C 技术相比具有噪音低、组装（配套 HiRise 流程）效果好等优势。2017 年 Nature 上发表的藜麦基因组（Jarvis 等，2017）也用到了此项技术。

驴基因组的组装完成，使马和驴的基因组之间的比较和溯源研究成为可能。基因组比较研究显示，马和驴可以追溯到大约 400 万年前的共同祖先，从而检测出可能在物种分化和形成中起积极作用的染色体重排现象。马和驴是公认的极为成功和重要的驯化动物。几千年来，在世界上许多地方，人们的生产和生活依靠它们。马属动物有许多优秀的生理特性，并且它们之间的进化关系和杂交应用也引起了人们的兴趣。利用驴新的基因组装配结果，可更准确地度量除马这个物种以外的其他马属成员基因组的杂合度，获得更准确的马群杂合度。

山东省农业科学院奶牛研究中心马属动物研究室主任王长法研究员率先开展了德州驴基因组的测序和组装工作，2015 年底获得了德州驴基因组图谱和基因集，组装好的德州驴基因组 1.0 版本关键评价指标 scaffold N50 达到了20.08Mbp，该指标可以和 2014 年俄勒冈健康与科学大学等单位发表在 *Nature* 杂志上的长臂猿基因组的 22Mbp 相媲美（Carbone 等，2014）。在华大基因以往发表的高水平基因组文章中，哺乳动物 scaffold N50 最高的是北极熊，也只有 16Mbp，表明完成的德州驴基因组组装的质量已经达到了国际领先水平。同时结合转录组数据对德州驴基因组进行了更为详细的注释，获得基因集，基因的平均编码区 CDS 长度为 1 467bp。为将德州驴基因组组装到染色体水平，2017 年 10 月继续运用 PacBio 技术加测了 30 倍数据，将 scaffold N50 提高到 34Mbp，contig N50 从 36kbp 提高到 7Mbp。2017 年 12 月底结合运用 Hi-C 技术，检测核型，将线型基因组数据组装到染色体水平（德州驴基因组 2.0 版本）。德州驴基因组的获得为本品种资源的保护和开发利用奠定了基础。此外，这个新的组装结果使我们能够确定精细尺度的染色体重排及其在马与驴的演化中扮演的重要角色。

基于驴的基因组，还可以从多群体全基因组水平探究驴的起源与驯化、迁移与扩散路径等热点问题，还可进一步解析地方驴品种形成的分子机制。

第二节　德州驴基因组研究进展

一、德州驴基因组研究

笔者所在课题组开展了德州驴（乌头驴）的基因组测序、组装工作，利用全新测序技术，将德州驴的基因组从头测序，并首次组装到了染色体水平。使用比较基因组学分析技术发现了驴与马、牛、羊等物种的差异之处。基因组研究为解析驴各生物学特性的分子机制提供了重要支撑。

1. 驴高质量参考基因组构建　全基因组测序工作选用的是一头纯种德州驴（乌头驴），其两代亲代都是乌头驴。笔者采用三种测序技术获得基因组序列：配对末端测序（Paired-end Sequencing，Illumina HiSeq）、PacBio 单分子测序技术和 Hi-C 染色质构象捕获技术。通过鸟枪法打断基因组和配对末端测序技术获得了 515.7Gbp 的原始数据，序列深度约为 211.3 倍（基因组大小：2.43Gbp）。通过 PacBio 测序法获得了 76.43Gbp 的原始数据，序列深度为 31.32 倍。通过 Hi-C 测序获得了 127.7Gbp 的原始数据，在用 Hi-C-Pro 进行质量过滤之后获得了 24.88Gbp 有效数据。综合利用这三种技术产生的数据，逐步组装测序数据，获得逐步提升的组装效果。单独使用 HiSeq 测序数据进行基因组组装，其 contig N50 为 36.76kbp，scaffold N50 为 20.09Mbp。使用 PacBio 数据组装 HiSeq 的 contigs 得到的 contig N50 为 7.92Mbp，scaffold N50 为 34.11Mbp。使用 3D-DNA 软件来组装染色体水平的基因组。家驴有 30 对常染色体和 1 对性染色体（$2n=62$）。最终的基因组组装版本中，contig N50 为 7.92Mbp，scaffold N50 为 93.37Mbp。共有 99.83% 的 scaffolds 定位于 32 条染色体上（包括 X 染色体和 Y 染色体），只剩余 565 467bp 的序列没有定位到染色体上。根据国际染色体命名系统，笔者对 32 条驴染色体都进行了排序。细胞遗传学比较表明，驴和马染色体之间具有高度的共线性。笔者使用 BLAT 将先前公开的马的染色体标记定位到组装的驴基因组的染色体上，对 30 对常染色体进行了验证。笔者将这个组装版本命名为 EquAsi1.0，并上传到数据库，通过基因组浏览器接口和数据库向公众开放。

2. 生物学特性的分子机制解析

（1）驴奶中溶菌酶含量高的研究　不同物种乳中溶菌酶含量统计发现，驴乳和马乳中的溶菌酶蛋白含量明显高于人乳、牛乳以及羊乳。溶菌酶（Lysozyme）作为一种抗菌酶在动物免疫系统中起着较重要的作用（Irwin 等，2011）。猫、狗和马的乳汁中都含有高水平的溶菌酶（Callewaert and Michiels，2010；Vincenzetti 等，2008；Stelwagen，2003）。哺乳动物表达两类溶菌酶：C 型和 G 型。在驴和马基因组中，笔者鉴定到两个 G 型溶菌酶基因：LYG1 和 LYG2。另外，在驴基因组中鉴定出 8 个 C 型溶菌酶基因，这与马基因组中的 C 型溶菌酶基因相同。笔者还发现，LYSC1 基因在驴奶腺组织中的表达水平很高（平均 FPKM=102 965.34），远高于其他型的溶菌酶基因和其他基因在乳腺组织中的表达量（大多数基因的 FPKM<100）。因此，LYSC1 基因在乳腺中的高表达可导致驴奶中溶菌酶含量高于人、羊、牛。

（2）驴抗病力强的分子基础研究　驴的主要组织相容性（MHC）位点（也被称为 Equus Lymphocyte Antigen，ELA）位于 8 号染色体，长度为 4.62Mbp。通过与马、绵羊及山羊的 MHC 的比对，笔者注释了驴的 78 个

MHC Ⅰ/Ⅱ/Ⅲ 蛋白编码基因。注释的驴 MHC 蛋白序列与文献报道的 (Gustafson 等, 2003) 一致。这些结果表明, 驴基因组的组装具有较高的质量, 并为马属动物的 MHC 研究提供了一个详细的图谱, 有利于加速免疫学及疫苗开发的研究。与牛、山羊和人相比, 马属动物在Ⅰ类和Ⅱ类中含有扩张的 MHC 区域。与人类相比, 驴 MHC Ⅰ类基因具有 35.75% 的扩张, MHC Ⅱ类基因具有 30.43% 的扩张。这意味着驴具有较强的免疫能力。扩增的基因与 MHC Ⅰ类的 A、B、C 型及 MHCⅡ类的 DR、DQ 型相关。已有研究表明 DQ 与结核病的抗性有关。

马传染性贫血病毒 (EIAV) 是一种逆转录病毒, 能感染马科动物, 是研究 HIV-1 和 AIDS 的模型。感染 EIAV 的马和驴会表现出不同的症状, EIAV 感染对马是致死的, 对驴是不致死的 (Cook 等, 2001)。为了理解这些差异, 笔者对 6 个病毒抗性基因进行了深入的研究。通过比较马与驴的*APOBEC3* 基因家族 (*A3*), 笔者发现驴中*A3F1* 基因与*A3F* 基因存在扩增。串联重复序列中含有 *IFITF* 基因的拷贝。此外, *Trim5* 基因也有较高的拷贝数。

笔者将 EIAV 的基因组序列与驴和马的基因组进行比较, 确定了 *EIAV* 基因中的 725bp 与驴 *Chr14* 基因的 28426999-28427723 片段具有高度相似性, 表明可能存在基因的水平转移事件。笔者将这个片段与哺乳动物的基因组进行比较, 在人类、绵羊和牛中均没有发现此段同源序列。该段属于 LTR/ERVK1 的 pol 蛋白基因, 该基因并不存在于人、牛和绵羊中。这意味着该片段最先出现于马属动物的祖先中。比较马和驴的该片段序列, 发现马基因组中存在 570bp 的缺失。通过分析驴的 69 个样本和马的 53 个样本的 RNA-seq 数据, 该区域在马的组织中仅有低水平的表达, 而在驴组织中的表达量则非常高。该插入区域与驴的 EIAV 抗性间是否存在关联还需进一步的实验验证。

二、家驴的群体遗传学研究

驴在世界上分布范围广, 沙漠、高原、草原, 温带、热带等不同地理、气候环境下都可见到驴的身影。不同地域的驴各具特点, 有的体型高大, 有的矮小; 有的毛发为灰色, 有的毛发为黑色, 同时也发现纯白色、斑点状、栗色等毛色个体。这些驴的起源地是哪里, 它们的血缘关系如何, 它们是如何进入现在的地域的, 是什么时间进入现在的地域的, 这些问题都还没有明确的答案。科技进步为上述问题的解答提供了有利的工具, 群体遗传学是研究群体起源及进化历史的有效手段。笔者采集了世界主要驴产区的血液样本，通过群体遗传学研究，初步揭示了家驴的起源和驯化历史，初步厘清了家驴在世界各大洲的迁移路线，明确了各地域驴群体的遗传距离。

1. 群体遗传结构解析　笔者对来自非洲、欧洲、亚洲、大洋洲的9个国家的127个家驴个体的血液样品进行了全基因组重测序，构建了插入片段为500bp的测序文库，并使用 Illumina HiSeq 2000 测序仪测序。过滤低质量数据之后，序列比对显示平均序列覆盖率为93%，平均测序深度为10.6倍。此外，从公共数据库下载了1只非洲野驴、4只亚洲野驴和1只欧洲家驴的重测序数据，用于群体遗传学分析。使用唯一比对序列和严格的过滤条件鉴定单核苷酸突变位点（SNVs）和插入缺失位点（INDELS）。在家驴群体中共检测到660万个 SNV 位点和50万个 INDEL 位点。其中，35.8%的 SNV 和37%的 INDEL 位于基因区域，在这些位点中，1.06%的 SNV 和0.36%的 INDEL 位于外显子区域。位于外显子区域的 SNV 及 INDEL 比位于基因间区的 SNV 和 INDEL 稀疏很多，表明外显子区域存在较高的选择压力。

为了解群体结构，首先利用邻接法构建了系统进化树。所得的树中所有亚洲野驴置于同一分支中，而所有的家驴和索马里野驴则置于另一分支内。根据这些驴所处地理位置，将它们分组为子树。相对于亚洲野驴，家驴更接近于索马里野驴，这支持家驴起源于非洲的理论。所有家驴的最新共同祖先（MRCA）比索马里野驴和家驴的最新共同祖先距今更近，也说明家驴是从非洲野驴中驯化出来的。从进化树中还发现非洲家驴品种位于比其他家驴距离索马里野驴更近的位置上，这表明非洲属于家驴的驯化中心。这也进一步说明了非洲是所有家驴的起源地，并支持亚洲家驴来自非洲祖先而非亚洲野驴的后代的推论。树的结构也表明了驴驯化的过程。驯化群体可分为4个方向。第一个方向由亚洲群体组成，包括吉尔吉斯斯坦、伊朗和中国的驴品种。第二个方向由非洲驴群体组成，包括尼日利亚、埃塞俄比亚和肯尼亚的驴品种。第三个方向是由西班牙个体组成的欧洲驴群体，第四个方向是由澳大利亚个体组成的驴群体。

不同家驴群体的遗传多样性（核苷酸多样性 π 和 Watterson 估计量 θ）具有相似值，这些值比许多家养动物低。Bin 地图显示出不同群体表现出相似趋势。笔者推测，由于人们对驴管理粗放松散，且驴主要被选作役用，因而驴在驯化后人们对其形态方面的选择不太强烈。连锁不平衡（LD）分析表明，家驴群体的 LD 值在 0.5kbp 处即下降到其最大值的一半。不同的组具有不同的 LD 值，这可能与不同分组中的样本数量多少有关。根据群体数目，将 LD 曲线归一化后可以观察到所有群组都具有相似的 LD 值。LD 值衰减较快，与其他哺乳动物相似。笔者还计算了 4-群体模型的 D 统计量以确定驯化起源地。在 4-群体模型中，将 P3 固定为索马里野驴，将 P4 固定为亚洲野驴并作为外群。当 P1 为埃塞俄比亚驴或者肯尼亚驴时，D 值具有显著性，表明埃塞俄比亚驴和肯尼亚驴更有可能是从索马里野驴中最先驯化出来的。这支持前期东北非作为家驴驯化中心的假说（Vila'C 等，2006；Beja-Pereira 等，2004）。

2. 种群演化历史分析　成对序列马尔可夫链聚合模型（Pairwise Sequentially Markovian Coalescent，PSMC）有助于从驴基因组数据中了解种群历史。PSMC 可以推断历史上有效种群大小（Ne）的变化。所有个体的祖先 Ne 曲线共享第一个峰（90 万年前），这处于 Pastonian 期；随后它们在 Naynayxungla Glaciation（78 万~50 万年前）期间同时下降。然而，曲线在 35 万年前开始分开，表明以下群体的祖先开始分离：*Equus africanus asinus* 与 *E. africanus*、*E. kiang* 与 *E. heimulas ongor*。*E. africanus* 和 SOM 的祖先的 Ne 值继续下降，直到大约 11 万年前到达瓶颈，大约在倒数第二次冰期结束时（30 万~13 万年前）。亚洲野驴的祖先 Ne 值在大约 35 万年前达到其瓶颈，此后在 12 万年前附近稳定地达到另一个峰值，直到 7 万年前开始下降。虽然亚洲野驴祖先 Ne 曲线在 35 万年前开始分离，但它们表现出相似的趋势。可以推断，与 *E. africanus* 相比，*E. heimoul onagor* 和 *E. kiang* 经历了更相似的气候及位于更相近的地理位置。*E. hemionus onagor* 从 7 万年前开始进一步的分化。其中一组大约 3 万年前逐渐达到峰值，另一组直到 4 万年前持续下降，显示出与 *E. kiang* 相似的趋势。从其他驴中分化出来之后，现代家驴的祖先逐渐在 1 万年前达到另一个高峰。所有家驴的 Ne 都有相似的变化趋势，表明了驴具有单一的驯化中心。SOM 和家驴的祖先 Ne 值在 4 万年前开始分化。然而，考古证据表明，驴在 9 000~7 000 年前被驯化，这表明可能存在比索马里野驴更接近于家驴的亚种，这与以前的结果一致（Beja-Pereira 等，2004；Marshall，2007）。笔者观察到，家驴祖先的 Ne 从 4 万年前到 1 万年前表现出明显的增加，而索马里驴到 2 万年前才持续表现出减少。这些表明它们可能经历了不同的环境条件和气候变化。

为了了解家驴的起源和分离时间，笔者又使用 MSMC（Schiffels and

Durbin，2014）计算它们之间的相对交叉聚合速率（Relative Cross Coalescence Rate，RCCR）。该方法从每个种群中提取四个单倍型，以估计 1 万年前开始的分离的情景。所有组在 7 000 年前是完全混合的，它们仅在最近 的 2 000 年内才完全分离。这表明驯化过程开始于 7 000 年前，比马驯化时间 早。非洲群体比其他群体更早分离，反映了驯化地的位置。这说明藏家驴的驯 化始于 3 000～2 000 年前。其余的配对组显示出相似的趋势。所有的种群在它 们 Ne 值减少初期都混合得很好，这支持了所有现代家驴都来自单一种群的假 设。将 0.5 作为阈值可以推断出家驴的迁徙路线。家驴首先在东北非被驯化。 然后在 7 000 年前至 3 500 年前迁移到埃及和西非。在 4 000 年前至 2 000 年 前，一些家驴从埃及迁徙到欧洲及中亚。3 000 年前至 2 000 年前，驴开始进 入中国并被驯化。

3. 人工选择中的强烈性别偏倚　在测序的 127 个家驴中，笔者观察到性 染色体上的 SNP 密度明显小于常染色体上的密度，这与马、羊、牦牛相似。 X 染色体和 Y 染色体的遗传多样性差异表明选择过程中存在较强的性别偏倚。 偏倚可能发生在驴驯化之前，或伴随着驴驯化的整个过程。

线粒体 DNA（mtDNA）分析鉴定出两个线粒体 DNA 单倍体，其在 90 万 年前到 30 万年前分离（Beja-Pereira 等，2004；Kimura 等，2011）。将已有数 据与之前发表的 mtDNA 数据整合在一起，重新构建获得了 mtDNA 的系统进 化树，与之前的发现一致，即 mtDNA 序列被分离成两个单倍体群。几乎所有 的现存家驴品种都包含努比亚野驴和索马里野驴的后裔成分。研究人员将这两 个单倍体解释为驴的两个不同的驯化事件。一个单倍体群的单倍体是努比亚野 驴，另一个单倍体群的祖先尚未知，它们与索马里野驴相关。两个分支的"距 离最共有祖先的时间（Time to the Most Recent Common Ancestors， TMRCA）"分别为 40 万年和 33 万年。在所测定及下载的驴全基因组序列数 据中，有 68 个雄性驴个体。笔者构建了这 68 个雄性驴群体 Y 染色体的系统 发育树。从树上也可以观察到两个分支。笔者估计"距离最共有祖先的时间" 为 1.5 万～1 万年前。这与 mtDNA 的估计相差甚远。如果家驴从 mtDNA 所 示的 90 万～30 万年前的两个不同的群体中被驯养，应该观察到与 mtDNA TMRCA 相似的 Y 染色体的 TMRCA 值。由 Y 染色体推断的两组不能与通过 mtDNA 推断的两组相对应。不一致的 TMRCA 值不太可能是由于不均匀采样 导致的，笔者假设雄性具有与雌性相似的地理分布。这意味着这些雄性是 2 万年前至 1 万年前是从同一个单倍体中分离出来的。

　　mtDNA 和 Y 染色体之间的差异可能是由于强烈的性别偏倚选择，即一个 Y 染色体单倍体被删除。有两个因素可能促成这一点。第一个因素，家驴是从两个祖先群体的混合群体中驯化出来的。索马里野驴与家驴祖先的 Ne 值约在 4 万年前分离。这可能意味着两个群体的合并。在合并过程中，一个群体中的雄性被扫除。第二个因素，家驴是从两个群体驯化来的，一个 Y 染色体单倍型被人工选择剔除出去。野生驴的社会结构表明，家驴的进化过程也经历了一只雄性控制多个雌性的结构，意味着雄性的繁殖成功。由于 mtDNA 数据表明驯化在地理上是多起源的，不同的 Y 染色体谱系可能已经被纳入育种种群中，即使局部 Y 染色体变异性很低。笔者建立了一个统计模型，从整个基因组序列数据来推断融合时间，并改进了 PSMC 方法来检测两组的分离时间和合并时间。仿真结果表明本方法是可行的，结果表明驴祖先的分离时间为 3 万年前，与从 mtDNA 推断的时间一致。

　　4. 驯化过程中的毛色选择　　毛色是驴的基本表型，最常见的为黑色、褐色和灰色。德州驴（乌头驴）的黑色是如何演化来的？在基因组研究中比较了 23 个灰毛色驴样品和 25 个黑毛色驴样品，以确定控制毛色的基因位点。采用六种方法来寻找与毛色相关的基因组区域，包括 $\theta\pi$、FST、Tajima's D、ZH（标准化杂合性）、XP-EHH（扩展单倍型纯合度检验）和 ROD。笔者检测到由 XP-EHH、FST 和 ROD 方法支持的三个区域，最强的信号位于 8 号染色体的 42～43Mbp 区域。使用 $\theta\pi$ 和 Tajima's D 算法也表明这个区域存在强烈的选择信号。通过绘制 SNP 基因型图，选择性清除区域位于 42 587 636bp 到 42 781 262bp 之间，此区域能鉴定出的唯一基因是 EAS0007835（Swiss-Prot 基因名：TBX3）。在此区域存在一个单倍型，仅由黑驴共有，表明其为选择性清除区域。在应用严格的过滤标准后，笔者在 42 742 556bp 处鉴定到一个碱基的缺失，这可能与深色毛发驴的驯化相关联。在这一区域中，只有一个缺失突变在所有灰色毛驴中显示为纯合或杂合（CT/CT 或 CT/C-），或在所有黑色品种中显示另一个纯合子等位基因（C-/C-），支持灰毛色是祖先型的并且相对于黑色驴是显性的观点。在 133 个个体中鉴定出两个等位基因类型 C- 和 CT（112 个个体有毛色记录）。如果该位点为 C-/C- 纯合，则毛色为非灰色，即黑色、棕色或浅褐色，而其他基因型（CT/CT 或 CT/C-）毛色为灰色。此外，笔者将该序列与马和人的同源序列进行比较。结果发现，此缺失比对到了具有 non-dun2 单倍型马的一段 1 609bp 的缺失序列上，马中的这段缺失序列导致了马表现为非灰色。马中该区域位于 *TBX3* 基因下游的 20kbp 左右。驴中的这段区域与马中的这段区域是同源的，然而驴中并没有缺失 1 609bp。控制驴、马毛色的突变均在同源性区域，位于马和驴的 *TBX3* 的下游的 20kbp 区，但突变是不同的。上述结果显示马和驴中的毛色是被独立选择的。

对于马，Imsland 等（2016）推断 1 609bp 的缺失影响 *TBX3* 的表达量，从而进一步影响了毛色。该区域（CT/C-位点上下游各 1 000bp）能够比对到人类基因组中 12 号染色体的 114 663 952bp 至 114 689 575bp 的位置，其中包括一个增强子（GH12F114663，CHR12：114663952-114689575）。对于驴，CT/C-影响两个转录因子（ALX4 和 MSX2）或影响增强子（GH12F114663）的机制需要进一步的研究。此外，利用包含该缺失序列的单倍型构建了中间连接网络（Median-joining Network）以了解该缺失的起源。笔者比较了 8 个马属动物在该区域的同源序列，只有德州驴（黑毛色）含有相同的缺失。亚洲野驴的单倍型形成一个小群落，位于网络的一端。灰色单倍型是分散的，其中一些与亚洲野驴共享的单倍型较少，而与黑色驴共享单倍型较多。索马里野驴和灰色驴有着更近的关系。这表明灰色等位基因是一个祖先型。大部分的黑色驴和棕色驴共享一个单倍型，与来源于埃及和中国的两头灰色驴更近，表明黑色和棕色的毛更可能来源于家养的灰色驴而不是直接来自野驴。另外两头黑色驴和一头棕色驴（Ch-BY1，Ch-GL2 和 Ch-JM2）共享另一个单倍型。IBD（Identity by Descent）分析表明，主要单倍型和祖先单倍型之间的重组事件产生了这种共享的单倍型。这些结果表明样品中的黑色来源于同一个缺失。为了深入了解黑毛色的起源，扫描了亚洲野驴、索马里野驴和棕色驴的选择性清除区域。灰色亚洲野驴和索马里野驴只有纯合等位基因 CT，表明 CT 是显性和祖先的基因型。棕色驴具有相同的 C-基因型，表明棕色是由相同的突变引起的，黑色和棕色是第二次驯化产生的。也就是说，黑色和棕色更可能是由驯化的灰色驴产生的，而不是直接来自野驴。

对黑驴、灰驴的毛发和皮肤组织进行组织切片处理，并进行 HE 染色（苏木精-伊红染色法），对结果分析后发现，黑色驴毛发的黑色素分布均匀，而灰色驴毛发的色素分布不均匀。同时对驴皮组织进行 TBX3 免疫组化染色切片，结果显示，黑色驴毛囊的 TBX3 蛋白为毛球周围分布，而灰色驴毛囊的 TBX3 蛋白几乎在单侧分布；驴皮组织的 TBX3 免疫荧光染色处理后发现黑色驴毛囊的 TBX3 蛋白在毛球周围表达量较高，而灰色驴毛囊的 TBX3 蛋白不仅在毛球周围表达，还在毛球内的一侧表达量较高，另一侧的表达量较低。经过这一系列分析，重测序数据分析得到的 T 碱基缺失导致 *TBX3* 基因在黑色驴毛囊中表达量降低，减弱了 *TBX3* 基因对色素合成的抑制作用，使得驴毛发黑色素沉积对称于发轴，进而表现为黑色毛发。

第三节　驴奶蛋白质组研究概况

一、驴奶蛋白质组研究的意义

乳是由乳腺产生的一种混合液体，它是新生儿的主要营养物质，也是人类膳食结构中营养结构比较全面的一种食物，富含人体及新生儿所需的各种营养物质。乳中还含有抗菌因子、细胞因子、趋化因子等低丰度蛋白，这些低丰度蛋白可保护新生儿抵抗病原体和产后环境的变化。随着人们对乳和乳制品的需求量逐渐增加，乳品质也越来越受到重视。由于乳蛋白组分的复杂性和多样性以及蛋白质之间的相互作用，仅研究单个蛋白的传统方法已无法满足当前研究需求。

蛋白质组学可从整体水平上分析蛋白质的组成和调控规律，有助于充分了解蛋白质的微观表征及蛋白质之间的作用和联系。蛋白质组学是以蛋白质组作为研究对象，分析其组成成分、修饰状态和表达水平，了解各蛋白质之间的作用和联系，从而在整体水平上分析蛋白质的组成和调控规律的一门科学。蛋白质组学研究策略有两种：自顶而下（Top-down）和自底而上（鸟枪法，Shotgun）。蛋白质组学的研究内容包括：组成蛋白质组学、相互作用蛋白质组学和差异蛋白质组学。生物信息学是蛋白质组学研究中不可缺少的组成部分，它主要应用于数据库建立、蛋白质的结构预测、分子进化等。

对驴奶进行蛋白质组学研究，不仅使人们对驴乳有更深刻全面的认识，同时也助于探究不同品种、健康状态、泌乳期等因素对乳蛋白组成的影响。蛋白质组学技术研究乳蛋白组的步骤包括 4 个：乳蛋白前处理、蛋白质分离、蛋白质鉴定及定量和生物信息学分析。

二、驴奶蛋白质组学研究进展

与其他畜乳相比，驴奶具有低致敏性、低脂肪含量、高乳糖、高溶菌酶等特点，其成分与人乳最接近，是人乳最优替代品；但驴泌乳期短，产量少。驴奶发挥功效的主要成分有哪些一直未见详细报道。解析驴奶营养成分和功效对驴奶的产业化发展，尤显重要。

1. 驴奶主要成分的初步检测及分析　笔者以 4 个驴场的 61 头产奶驴作为试验驴，通过乳成分分析仪 MilkoScanTM、体细胞分析仪 FossomaticTM FC 检测驴奶样，检测指标包括乳脂率、乳蛋白率、乳糖含量、体细胞数、尿素氮等，同时对比分析了 4 个驴场之间驴奶主要成分含量的差异及原因。结果发现：德州驴的日产奶量为 0.25～1.22kg/d，平均日产奶量为（0.91±0.04）kg/d，4 个驴场的驴日产奶量差异不显著（$P > 0.05$）；德州驴奶中乳糖含量为 4.96%～7.07%，平均乳糖含量为（6.55±0.285）%；脂蛋比（乳脂率/乳蛋白率）为 0.21±0.009。对确诊为乳腺炎的乳驴所产的奶检测，发现其乳中体细胞数为 $1\,172×10^3$ 个/mL，远超所测乳驴群体体细胞数的平均值 [（13.4±0.558）$×10^3$ 个/mL]，该结果说明驴奶中的体细胞数可用于乳驴奶腺炎的判定。驴奶中平均尿素氮含量为（22.19±0.965）mg/dL，可作为未来确定驴奶尿素氮含量范围的一个参考。

2. 德州驴奶蛋白鉴定和定量分析　根据泌乳时期，将驴奶样品分为 phase 1（泌乳天数<50d）和 phase 2（泌乳天数>50d）两组。基于同位素标记相对和绝对定量技术及 Mascot 2.3.02 软件，共鉴定出 401 种驴奶蛋白，基因本体（GO）注释结果显示，鉴定蛋白主要参与代谢、生物调控、免疫应答及生长发育等过程，定位在细胞、细胞膜以及细胞器上或内部，主要发挥连接和催化的功能；COG 注释结果显示，鉴定蛋白主要参与代谢过程及翻译后修饰、蛋白转换及分子伴侣过程，其中代谢过程包括能量的产生及转换、碳水化合物的运输及代谢、脂质的运输及代谢、核酸的运输及代谢、氨基酸的运输及代谢；通路（Pathway）注释结果显示：大多数的驴奶蛋白质参与代谢通路及补体和凝血级联通路、溶酶体通路、肺结核通路和吞噬体通路等免疫和炎症应答相关代谢通路；BlastP 软件分析显示，畜乳与人乳蛋白序列相似性顺序依次为：驴奶>羊奶≥牛奶>猪奶；基于强度的绝对定量（iBAQ）结果显示，包括 14 种上调蛋白，48 种下调蛋白，驴奶中主要蛋白是 β-乳球蛋白（LGB1）、α-乳清蛋白（LALBA）、溶菌酶（LYZ）。溶菌酶蛋白生物信息学分析显示，*LYSC1* 基因的存在以及在乳腺中高表达可能是驴奶中溶菌酶含量远高于其他哺乳动物（人、牛、羊）奶的原因。

3. 德州驴奶代谢物鉴定和定量分析　根据泌乳时期，将 30 个驴奶样品分为 group 1（30～55d）、group 2（55～90d）、group 3（＞90d）三组，基于液相色谱-质谱（LC-MS/MS）联用技术和 Progenesis QI（Waters，U. K.）软件，绘制了驴奶代谢物图谱，鉴定出正离子模式一级鉴定数 1 685 种和负离子模式一级鉴定数 1 182 种；筛选出泌乳前期有 150 种差异代谢物，泌乳后期有 73 种差异代谢物，发现泌乳前期驴奶代谢物变化更明显。差异代谢物主要参与果糖与甘露糖代谢通路、氨基酸的合成通路等，这些通路可能与幼驹肠道菌群的建立相关。

通过对驴奶主要成分的测定，不仅可以评判驴奶品质的优劣，还能了解驴的产乳量、健康状况、饲养管理水平等，更有助于高产乳驴的定向选育。通过驴奶蛋白质组和代谢组的分析，不仅扩展了驴奶知识，还从分子层面证明了驴奶更接近人乳，也反映了驴奶的营养和医用价值，为驴奶产业的发展提供技术支持。

第六章
驴生产性能测定技术体系

畜禽遗传资源的发掘与创新利用对促进家畜种业产业化和畜牧业的健康持续发展具有重要意义。我国驴品种都是未经系统培育的地方品种，长期以来作为役畜用于农业生产中，较少关注其肉、奶、皮等生产性能。驴的遗传改良计划可为培育性能优良的专门化驴品种奠定基础，建设德州驴生产性能测定技术体系可以加快国内自主培育优秀奶用、肉用、皮用种公驴的步伐。

生产性能测定是指按照科学、系统、规范化的操作规程确定家畜个体在有一定经济价值的性状上的表型值的育种措施，它是家畜育种中最基本的工作，是其他一切育种工作的基础。没有动物生产性能测定，就无从获得家畜育种工作所需要的相关信息，家畜育种就变得毫无意义。鉴于此，世界各国，尤其是畜牧业发达的国家，都十分重视生产性能测定工作，并逐渐形成了对各个畜种的科学、系统、规范化的性能测定系统，如奶牛的生产性能测定系统（DHI）、猪和肉牛的屠宰性能及肉质性状测定系统、马的运动性能测定系统、绵羊和山羊的皮用性能测定系统等。完整的生产性能测定工作也是后续开展分子育种工作的基础和前提。因而，肉用驴、皮用驴和乳用驴专门化新品系培育成功的关键在于完整的驴生产性能测定技术体系构建，主要包括肉用性能、毛色和皮厚性能、乳用性能测定。

围绕驴产品市场需要，亟须制订肉驴、奶驴和胶用驴的专项培育计划。鉴于奶牛 DHI 在奶牛遗传改良上的成功应用，借鉴先进的奶牛 DHI 改良体系，利用 RFID 技术进行德州驴良种登记，重点开展驴初乳、乳成分、日产乳量、月产乳量、全期产乳量、体细胞数、尿素氮等性状的测定研究，同时测定、收集驴的体尺数据、繁殖数据、皮厚数据、生长发育数据、肉质数据、屠宰数据，并进行有机整合，构建德州驴生产性能测定技术体系，为德州驴良种选育、快速繁殖、科学饲养、驴奶加工等提供基础数据，旨在从根本上改变我国驴育种、饲养管理、防病防疫体系和驴奶加工等落后的局面，提高驴标准化养殖水平和效益。

第一节　驴奶生产性能测定

驴奶是一种珍贵的乳品资源，不仅具有较高的营养价值，而且具有较广泛的药用价值。在意大利，驴奶和马奶被广泛用于生产婴幼儿乳制品。《本草纲目》中记载：驴奶，味甘，冷利，无毒，热频饮之可治气郁，解小儿热毒，不生痘疹。Aganga 等（2003）指出，52%的桑布鲁妇女会用驴奶作为治疗百日咳的药剂。开展驴奶相关的研究，研发驴奶制品，形成完整的产业链条，可促进驴奶产业的快速发展。

一、驴奶业存在的问题

驴奶业很难形成像牛奶一样成熟的产业链。主要存在以下问题：①驴的产奶周期短（少于 8 个月/年），产奶量低（多为 1~2kg/d），因而缺乏稳定的驴奶源。②国内驴未形成规模化养殖，驴的饲养比较分散，且缺乏商业化的驴饲料，不同的饲料及饲养管理模式致使原奶的质量无法统一。③缺少专用的产奶驴品种。驴的产乳量与季节、环境、营养等因素有关，但由于没有产奶驴品种的培育，驴的乳房容积较小，必须多次、及时挤奶才能保证产奶量的稳定。④国内外对驴奶的生理特性、驴的泌乳特征及产乳性能等方面均未开展系统的研究，缺乏生鲜乳的评价标准，导致原奶从采集、净化、冷却、储存、运输到加工等环节的质量较难评价，这给今后原奶的安全性带来了较高的风险。

二、驴奶生产性能测定工作的意义

驴奶生产性能测定中的体细胞数不仅是衡量驴乳房健康的标准，而且可实时监测奶驴群体的健康状况，同时也是评价乳品质量优劣的有效工具。此外，驴奶生产性能测定报告中脂蛋比值、尿素氮值还可反映驴群饲养管理情况、饲料优劣情况等。因而基于驴奶生产性能测定，可评价不同泌乳阶段驴饲料的优劣，为不同泌乳阶段的饲料研发提供基础数据。同时可根据奶驴生产性能测定数据，绘制驴的泌乳曲线，筛选组建高产奶驴群和高产奶用种公驴品系。

驴奶生产性能测定技术体系不仅是驴场最为科学、最为有效的管理工具，同时也是政府进行驴奶特色产业宏观调控的有效工具。根据大群驴产奶情况，可率先制订驴生鲜奶地方标准，收购时优质优价。政府及驴奶品加工企业可以根据驴奶生产性能测定技术报表中的数据对当前驴群的总产奶量及未来一定时期内的奶产量做出预测，根据市场需求进行科学调控，而从促进驴奶产业的健康发展。总之，驴奶生产性能测定技术体系是规范驴奶产业健康发展、保障乳品安全的重要保证。

三、测定工作的主要内容及指标

1. 筛选、组建高产奶德州驴核心群　引进奶牛 DHI 测定的标准程序及方法，通过引进、消化、再创新的方式，结合德州驴养殖的特点，自主研究出适合于我国养殖特色的严格、系统、规范的德州驴生产性能测定技术体系；研制相关计算机软件，编制生产性能测定规范；对产奶驴群前 4 个月每半月采奶样一次，后 4 个月每月采奶样一次；冷藏运输奶样，测定其奶量、乳成分、体细胞数、尿素氮、乳糖等指标，对母驴产奶量及乳品质进行测定、分析。

2. 筛选合适的驴采奶程序、加工方法、处理温度及时间　热处理会对驴奶的风味、乳中活性物质产生影响，通过不同采奶程序、加工方法的摸索和乳制品的品质特别是短链脂肪酸、溶菌酶、乳铁蛋白等活性成分的对比检测，筛选合适的驴采奶程序、加工方法、处理温度及时间；研制驴用便携式挤奶机。

3. 建立德州驴生产性能测定数据处理中心、网络传输系统及专家系统　原始数据处理后，形成德州驴生产性能测定报表，反馈给驴场，结合专家系统指导驴场生产管理，提高驴群体单产水平。

4. 筛选高产奶德州驴的选育外貌指标　参照奶牛乳房评定方法。测定乳房深度、乳房附着宽度、乳房高度、乳头长度、乳头直径、乳头间距、臀端宽等指标，结合驴奶生产性能测定数据，利用模型检测乳房指标与乳产量的相关系数，筛选出高产奶驴的选育外貌指标。驴乳房见彩图 12。

5. 高产奶驴不同泌乳阶段专用饲料研发　根据美国 NRCC 推荐的泌乳马饲料配方，初步确定德州驴日粮类型和营养水平的配方，研究日粮类型和营养水平对驴奶产量和乳成分的影响。通过泌乳驴奶的生产性能测定数据，确定驴奶生产性能与日粮营养水平和类型的关系，及不同营养水平和日粮类型对驴奶主要营养成分的影响，筛选明显提高驴奶产量的日粮类型和饲料配方。

6. 驴驹营养需要及精料混合料的研发利用　牛奶或精料混合料替代驴奶饲喂驴驹可以促进驴奶资源的进一步开发利用，显著增加驴奶产量。研究牛奶或牛奶粉替代驴奶对初生驴驹（15～60 日龄）生长发育的影响，是否可以代替限制哺乳式饲喂；研究全舍饲精料混合料对 2～4 月龄驴驹、5～7 月龄驴驹生长发育的影响，研发驴驹专用的全舍饲精料混合料。

7. 测定对象及测定间隔时间　测定对象为在群产奶驴。测定产后 5d 至干奶期间的泌乳母驴的乳。测定间隔时间范围为（15±5）d，（30±5）d，（45±5）d，（60±5）d，（90±5）d，（120±5）d，（150±5）d，（180±5）d，（210±5）d，（240±5）d。检测初生驴驹（15～60 日龄）、2～4 月龄驴驹、5～7 月龄驴驹的日增重、体尺、饲料报酬等指标。

8. 测定准备工作　驴场具备良好的驴系谱和繁殖记录体系，最好是前期标有 RFID 体系和二维码的规模化驴场。待测驴应具备出生日期、系谱信息、分娩日期和胎次等驴群资料信息。同时应具有每头驴的体尺数据、体重数据等资料。

9. 采样和日产乳量测定　奶样应是个体驴（24h）各次采乳样的混合样。记录日产乳量的总数。推荐使用的驴奶采集设备见彩图 13。

10. 奶样的保存与运输　采样前应在样品瓶中加入 0.03g 重铬酸钾作为防腐剂。样品应在 2～7℃条件下冷藏，3d 之内送达乳品测定室。

11. 奶样的接收　驴群资料报表齐全、样品无损坏、采样记录表编号与样品箱（筐）一致。样品腐坏或打翻比例不超过 10%。

第二节　肉用驴、皮用驴生产性能测定

驴肉肉质细嫩，味道香醇，风味独特鲜美，并且含有多种利于人体消化吸收的营养物质，味甘，酸，性平，入心，肝二经，具有补气养血、补虚安神、健脑、强筋通络等作用。与牛肉、羊肉、猪肉相比，驴肉口感更好、营养价值更高，具有"三高三低"特点，即高蛋白、高必需氨基酸、高必需脂肪酸；低脂肪、低胆固醇、低热量，其中脂肪比牛肉、羊肉、猪肉均低 60% 以上。从营养学和食品学的角度来看，驴肉是集药、补、食于一体的食材。近年来随着经济的发展，人们的物质生活水平逐步提高，而且人们的身体保健意识也越来越强，对膳食结构的要求也越来越高，驴肉作为一种药食同源的保健食材备受广大消费者的欢迎，逐渐成为餐桌上的新宠，其消费量呈快速增长的趋势。驴肉的营养极为丰富，含有多种利于人体消化吸收的营养物质。判别肉中蛋白质是否全价及肉品质量高低的一个重要指标是色氨酸含量。每100g驴肉中色氨酸的含量为300～314mg，高于猪肉（270mg）和牛肉（219mg）。肉的鲜味受谷氨酸和天冬氨酸这两种氨基酸含量的影响，其含量的多少决定了肉的鲜味程度。驴肉中鲜味氨基酸占氨基酸总量的27％，比马肉的25％、猪肉的24％～26％要高。在驴肉的脂肪酸中，饱和脂肪酸含量较少，以不饱和脂肪酸为主，其含量为55.8％，所以从营养学方面来考虑，驴肉是一种比较理想的动物性食品原料。

驴皮熬制的阿胶能滋阴养血、补肺润燥、止血安胎，自古以来就是滋补养生的佳品，具有较高的药用价值。而德州驴驴皮是阿胶的重要原料。由于熬制阿胶对驴皮的需求量巨大，驴皮长期以来供不应求，培育产皮量高的驴品种已成为一项迫切的任务。而驴皮肤厚度和重量的测定则是评价皮用驴种用价值的重要步骤。驴屠宰后皮重的测量方法没有争议，但是活体驴皮重量无法测定，因而建立驴皮活体厚度的测定技术就非常重要。但由于驴不同部位的皮厚度不一致，测哪个部位驴皮的厚度与驴皮重量一致性较好，这个问题一直处于摸索中，因而驴皮活体测定技术尚未成熟。对牛皮肤厚度的研究较多，多用游标卡尺测定，也有研究者采用组织显微切片的方法。研究人员分别采用游标卡尺、超声仪及组织切片法对驴皮肤厚度进行相关测定，结果发现同一头驴测定部位之间的皮肤厚度有很强的相关性，用游标卡尺测量驴的颈部和腹部是适合驴皮厚度测量的方法。

德州驴具有耐粗饲、适应性强、饲料利用率高的特点，是未来肉用驴和皮用驴主要发展品种。在肉用驴的选育上，主要包括生长发育测定、胴体组成及肉质测定三方面；在皮用驴的选育上，主要是驴皮厚度和重量的测量。肉用驴和皮用驴生产性能测定指标如下：

1. 生长发育性状　测定初生重、6月龄体重、12月龄体重、18月龄体重、24月龄体重等，推算平均日增重等，包括哺乳期日增重、育肥期日增重、饲料利用率以及各阶段体尺生长发育指标。

（1）体重　早晨空腹（禁食12h后）的重量。用灵敏度为0.5kg的磅秤逐头称取，重量单位用千克（kg），小数点后保留一位数。

（2）体高　测鬐甲最高点到地平面的垂直距离（cm）。

（3）体长　即体斜长，由肱骨隆凸的最前端起，至坐骨结节最后内隆凸的直线距离（cm）。

（4）胸围　肩胛骨后缘作垂线绕体躯一周所量的长度（cm）。

（5）管围　于前肢左侧掌骨上 1/3 处测量其周长。

（6）生长速度（平均日增重）　在测定阶段内平均每天增加的重量，用末重减去始重得出该阶段的增重，再除以该阶段的总天数。平均日增重的单位为克（g）。

（7）饲料利用率（饲料报酬、料肉比、料重比）　测定期总耗料量（指精料）占测定期总增重的百分比。

2. 胴体组成　包括胴体重、屠宰率、净肉率、皮重、眼肌面积、瘦肉率、肥肉率、骨率、皮率、皮厚等指标。

（1）宰前活重　屠宰前禁食 24h 后的活重（kg）。

（2）胴体重　驴屠宰放血后除去头、尾、皮、内脏（不包括肾脏及其周围脂肪）、前膝关节和后肢关节以下的四肢、生殖器官后的躯体重量（kg）。

（3）屠宰率　胴体重占宰前活重的百分比。

（4）净肉率　胴体剔去骨和结缔组织后的全部肉重（包括肾脏和胴体脂肪）占宰前活重的百分比。

（5）皮重

（6）眼肌面积　指胸腰椎结合处背最长肌横截面面积。先用硫酸纸描下横断面图形，用求积仪测量其面积，若无求积仪，可量出眼肌的高度和宽度，用下列公式进行估测：

眼肌面积（cm²）＝眼肌高度（cm）×眼肌宽度（cm）×0.7

（7）瘦肉率　瘦肉率(%)＝瘦肉重/(皮重＋骨重＋肥肉重＋瘦肉重)×100%

（8）肥肉率　肥肉率(%)＝肥肉重/(皮重＋骨重＋肥肉重＋瘦肉重)×100%

（9）骨率　骨率（%）＝骨重/（皮重＋骨重＋肥肉重＋瘦肉重）×100%

（10）皮率　皮率（%）＝皮重/（皮重＋骨重＋肥肉重＋瘦肉重）×100%

（11）皮厚　用游标卡尺分别测量颈部和腹部的皮肤厚度（mm）。

3. 肉质测定　包括肉色、系水力、失水率、熟肉率、嫩度、pH。测定方法及步骤参考其他家畜。

（1）肉色　肌红蛋白和血红蛋白是构成肉色的主要物质，起主要作用的是肌红蛋白，它与氧的结合状态，在很大程度上影响着肉色，且与肌肉的 pH 有关。在宰后 1～2h，取胸腰椎接合处背最长肌横断面，在 4℃左右的冰箱里存放 24h，利用仪器设备进行测定，目前使用较多的是色值测定、色素测定和总色素测定等，将肉样切成约 1cm 厚的肉片，放置在仪器的测定台上，按读数键即可读出相应的色值。

（2）系水力　在系水力测定中通常采用两种方法，分别是重量加压法和滴水损失法。

①重量加压法：在宰后 2h 内，取第一、二腰椎处背最长肌，切成 1cm 厚的薄片，用天平称压前肉样重，然后把肉样放在加压器上加压去水，并保持 5min，撤除压力后立即称量压后肉样重。结果计算：

$$失水率＝（压前肉样重－压后肉样重）÷压前肉样重×100$$

$$系水力＝1－（失水率÷该肉样水分含量）$$

②滴水损失法：在宰后 2～3h，取第二、三腰椎处背最长肌，顺肉样肌纤维方向切成 2cm 厚的肉片，修成长 5cm、宽 3cm 的长条称重，用细铁丝钩住肉条的一端，使肌纤维垂直向下，悬吊于塑料袋中（肉样不得于袋壁接触），扎好袋口后吊挂于 4℃左右的冰箱中保持 24h，取出肉样称重计算。

$$滴水损失（\%）＝（吊挂前肉条重－吊挂后肉条重）÷吊挂前肉条重×100$$

无论是失水率还是滴水损失，其值越高，则系水力越差。

（3）熟肉率　宰后 2h 内取腰大肌中段约 100g 肉样，称蒸前重，然后置于锅蒸屉上用沸水蒸 30min。蒸后取出吊挂于室内阴凉处冷却 15～20min 后称重，并按下式计算熟肉率：

$$熟肉率（\%）＝（蒸后重÷蒸前重）×100\%$$

（4）pH　宰后肌肉活动的能量来源主要依赖于糖原和磷酸肌酸的分解，二者的产物分别是乳酸和磷酸及肌酸，这些酸性物质在肌肉内储积，导致肌肉 pH 下降，肌肉酸度的测定最简单、快速的方法仍是 pH 测定法。

一般采用酸度计测定法：在宰杀后，于最后肋骨处距离背中线 6cm 处开口取背最长肌肉样，肉样置于玻璃皿中，将酸度计的电极直接插入肉样中测定，每个肉样连续测定 3 次，用平均值表示，同一样、同一点的 3 次测定 pH 之差不得超过 0.15。

（5）肌内脂肪　肌内脂肪主要以甘油酯、游离脂肪酸及游离甘油等形式存在于肌纤维、肌原纤维内或它们之间，其含量及分布因品种、年龄及肌群部位等因素而异。

主观评定-大理石纹评定：取最末胸椎与第一腰椎结合处背最长肌横断面，在 0～4℃的冰箱中存放 24h。对照大理石纹标准评分图进行评定：1 分，脂肪呈痕迹量分布；2 分，脂肪呈微量分布；3 分，脂肪呈少量分布；4 分，脂肪呈适量分布（理想分布）；5 分，脂肪呈过量分布。两分之间允许评 0.5 分，结果用平均值表示。也可用客观评定法-索氏测定脂肪含量。

（6）肌肉嫩度　肌肉中的蛋白质大致可分为肌浆蛋白质、结缔组织蛋白质和肌原纤维蛋白质三大类。其中结缔组织蛋白质和肌原纤维蛋白质对肌肉嫩度有较大的影响。嫩度的评定方法主要有客观评定和主观评定，影响肌肉嫩度的因素主要有遗传因素、营养因素和年龄等。

肉样的制备：取宰后 2h 内或熟化 24h 以上，第 6～10 胸椎处的背最长肌，顺肌纤维走向切成厚 2cm 的肉片，并修成长 5cm、宽 2cm 的长条，将肉条装入塑料袋中，隔水煮约 45min（肉条中心的温度达 80℃即可），迅速冷却至室温。

主观评定就是人对肉嫩度及口感的评定。客观评定-剪切值测定法：沿肌纤维方向用直径 1.27cm 圆形取样器沿与肌纤维平行的方向钻取肉样，肉样长度不小于 2.5cm，取样的位置应距离样品边缘不小于 5mm，两个取样的边缘间距不小于 5mm，置剪切仪的剪切台上，按向下键剪切肉条，每个长条切 4 次，用平均值表示，剪切值越小，嫩度越好。

第七章
驴品种繁育及生殖生理

第一节　驴的生殖器官

一、公驴的生殖器官

解剖德州公驴的生殖器官，可观察到睾丸、附睾、输精管和阴茎，各器官部位如彩图 14 所示。

1. 睾丸　公驴的睾丸悬系在阴囊内，呈卵圆形，其长轴几为水平。内外两侧面略扁平。上缘为附睾缘，附着有附睾，再上与精索相连；下缘为游离缘。前端为附睾头，后端为附睾尾，中间为附睾体。睾丸的大小及重量在不同年龄及不同个体间差异很大，即使同一个体其两侧睾丸亦不尽相同。睾丸表面的被膜为致密的纤维组织，即白膜，割破此膜后即可显露睾丸基质，呈浅红色。白膜外围为浆膜层，即固有鞘膜。再外为阴囊皮层。

2. 附睾　公驴的附睾前端扁凸者为附睾头，除细小管道外均有血管丛，后端如圆球状凸出者为附睾尾，未剖前即可见出其内藏乳酪色卷曲管道，中间狭长部分为附睾体。附睾表面为浆膜层所包围，内部为迂回卷叠的附睾管，管道间隙充塞结缔组织。附睾头管道较细小，不易分离，与睾丸输出管相连，后端延伸为附睾体的管道，较粗，再延伸为附睾尾的管道，更粗大，最后上行，成输精管。

3. 输精管　输精管由附睾导出时即与血管及神经并合而成精索，经腹股沟管而进入腹腔，然后单独向腹腔后区中线靠近；其末端膨大部分为输精管壶腹，呈长瓜状，管道仍狭小（直径约 0.6cm），与输精管管道相似；管壁则肥厚（约 1.5cm），呈横纹状，剖时分泌液外渗，为一腺体组织。壶腹的大小在各不同年龄及各个体间差别很大。输精管末端的射精管开口于骨盆腔尿道内口下方的精阜。

4. 阴茎　阴茎基部附着于坐骨两侧坐骨海绵肌的阴茎脚，尿道在两脚中间通入阴茎。阴茎体背部为阴茎背动脉及阴茎海绵体，海绵体外围为纤维组织，向内伸入成支架；腹部中央为尿道，周围为尿道海绵体；前端圆凸者为龟头，其顶端下部有凹入的龟头窝，中央为尿道突，窝上部有深陷盲囊（1～1.5cm），即尿道窦。阴茎全部海绵体内有小腔——海绵腔，充血时即膨大而使阴茎勃起。阴茎在勃起时其裸出于包皮的部分表面粗糙，如鳞片状，粘有油脂分泌物。勃起时龟头圆凸，射精后成扁凸状，散放如菌状，圆径变大；年幼公驴龟头边缘较平整，年长的边缘呈轮齿状凸出。

5. 公驴其他生殖器官　在公驴中观察的副性腺有精囊、前列腺、尿道球腺等。

（1）精囊　公驴的精囊左右各一，位于膀胱背部，输精管壶腹末端外侧；呈梨状，前端圆形的盲囊为囊底，中部稍窄为本体，后端狭小颈部为腺体导入骨盆腔尿道的排泄管，与输精管共同开口于精阜。公驴的精囊长约8cm，每侧容量约50mL，故公驴射精量较多。精囊大小在不同年龄及各个体间的差别很大，即在同一个体其两侧大小亦常有差别。精囊内壁很薄，富有褶壁，分泌物呈胶液状，有腥臭，略呈浅黄色，极黏稠，可拉长如蜘蛛网细丝，至数尺仍飘曳不断。检查分泌液并无精子存在，故仅为一分泌精液的腺体而并不贮藏精子。

（2）前列腺　为一单独腺体，位于膀胱颈部前上方，壶腹及精囊末端的下方，分左右两侧叶，各向外侧伸展，中为前列腺峡所连接。腺体的纤维组织与肌层较多，剖后可见到明显的分叶，黏膜层似蜂窝状，内分泌液不多，可能在性激动时始分泌或排注。性腺的排泄孔开口在骨盆腔尿道精阜旁侧，似乳头状突起，分列两行，外列约6个，内列2～3个；每侧分若干小叶，似均有其排泄孔，自腺体内部注入生理盐液时即可找出其在尿道的开口。

（3）尿道球腺　尿道球腺亦称考伯尔氏腺，在公驴中左右各一，位于骨盆腔尿道末端的两侧，形如核桃，每侧各向前外方伸展。腺体为厚层的尿道肌包围，剖后始能见出其腺体组织，色红而柔软，分叶不显。其排泄孔开口于骨盆腔尿道末端两侧，每侧有4～6个乳头状突起，年老公驴排泄孔开口呈紫黑色。

（4）尿道　公驴的尿道与公马的相似，在骨盆腔部分从膀胱颈部的尿道内口起至阴茎基部止，长 8～10cm，其后即为阴茎尿道。

二、母驴的生殖器官

母驴生殖器官包括卵巢、输卵管、子宫等，各器官部位如彩图 15 所示。

1. 卵巢　母驴的卵巢呈豆形和栗形，左右各一，借子宫阔韧带前部的卵巢悬韧带或卵巢系膜悬系于腰椎部下区，在肾脏后第 4 腰椎下方距中线 3～4cm，位置不甚固定；直肠触诊时感到左侧卵巢似较右侧的略前。

卵巢的内侧与外侧平滑而呈圆形；上缘为卵巢系膜缘，为卵巢系膜所系着，血管及神经由此进入卵巢，下缘为游离缘，有一狭窄凹陷，即排卵窝，前为输卵管端，其圆凹面为伞所包围，后为子宫端，其圆凸面借卵巢固有韧带而与子宫角相连接。

卵巢表面除排卵窝外为膜层所包围，内部为许多在各发育阶段的滤泡（亦称为卵泡）所占据，滤泡外围的结缔组织中分布有网状小血管。解剖接近发情的母驴卵巢，其滤泡体积已增大，凸出卵巢表面，滤泡腔内含有草黄色透明滤泡液（21.5mL）；滤泡外围膜层渐薄，触时可感到其紧张而具弹力；在同一卵巢中可同时有若干个小滤泡及黄体存在，解剖时剥离卵巢外围膜层后见到卵巢内部尚有在不同发育阶段的滤泡及在不同消萎阶段的黄体及纤维组织的白体。解剖开始发情母驴的卵巢，其一侧有两个大滤泡凸出卵巢表面。解剖排卵一天半后母驴的卵巢，可见已破裂的滤泡腔内已充塞血凝块（血红体），但仍有未完全萎退的黄体存在。

经直肠触摸母驴卵巢时，对成熟滤泡可感到其圆凸在卵巢表面，具有张力，或觉腔内波动；对排卵后不久的滤泡腔（血红体时期），可感到其柔软而无弹性，并不凸出卵巢表面，亦不显现陷凹，颇平整；对黄体及埋藏在卵巢厚膜层下的未成熟滤泡不易分辨确定。

2. 输卵管　母驴输卵管前端为膜层组织的伞，呈漏斗形，故亦称为输卵管漏斗，其边缘甚不规则。伞的一部分附着卵巢表面，一部分覆盖于排卵窝部分，即卵巢伞，中央有输卵管腹腔口，扁径 0.8～1.0cm。输卵管靠近卵巢一端的壶腹较宽，中部输卵管峡即变窄，靠近子宫角一端最窄；管道通入子宫角内形成乳头状凸出的输卵管子宫口。

输卵管全长约 25cm，卷曲在子宫间韧带输卵管系膜所形成的卵巢囊外侧的系膜中，囊长 5～6cm。

3. 子宫　母驴的子宫角分左右两侧，均在腹腔内，上缘与子宫间韧带相连，下缘游离圆凸如腊肠；前端（输卵管导入的一端）在开始时即已宽广，迄至两角并合成子宫体，其宽度甚均匀。子宫体借两侧韧带而维持其在体内的位置，其前端两角并合处为子宫底仍在腹腔内，后端为子宫腔，部分在骨盆腔内。子宫体背部与直肠相连接，两者之间形成一带状空隙，为直肠子宫陷凹；腹部与膀胱靠紧，亦形成一窝状间隙，为膀胱子宫陷凹。子宫角与子宫体在体内部位不太固定。子宫角与子宫体黏膜呈鲜红色，似鳞片状褶皱，其分布均匀。

4. 子宫颈　母驴子宫颈由子宫内口经颈管至子宫外口，长约 8cm，其后端突出于阴道内，为子宫阴道部，长约 3.5cm。子宫颈肌层特厚。子宫颈阴道部及子宫外口的形态随生理状态不同而不同，在母驴不发情时或发情终止及排卵以后，子宫阴道部僵硬紧缩，子宫外口亦紧缩，有时倒向一侧。在发情期间，子宫阴道部逐渐驰放变软，鲜红润滑，子宫外口开张如花蕾，可分成 8～10 片，翻张如佛手状，或瘫垂于阴道底部。

第二节　驴的生殖生理

家畜繁殖是畜牧业生产中的关键环节。发展畜牧业的核心任务就是使家畜数量不断增加，品种质量逐步提高，以满足国民经济发展的需要。而数量的增多和质量的提高都必须通过繁殖这个过程才能实现。在实际生产中，为提高繁殖性能，减少因错过配种期而造成的空怀或因接产不当而造成的死胎等现象的发生，要求饲养者必须掌握配种、接产、发情和妊娠鉴定等方面的基本知识和技术。

（1）初情期　畜牧生产中，雄性牛、猪、绵羊、马的初情期定义为可以射出 50×10^6 个精子的精液，其中 10% 以上的精子具有活力的时期。公驴尚无初情期定义，可参照其他公畜。

（2）性成熟　母驴到了一定的年龄，其生殖器官发育完全，具备了繁殖能力；公驴的生理机能已成熟，并已具备正常的受精能力，称为性成熟。性成熟的时间受品种、温度及饲养管理等多种因素的影响。母驴的性成熟一般在12～15 月龄。

（3）初配年龄　指适于初次配种的年龄。驴驹性成熟时，身体发育尚未成

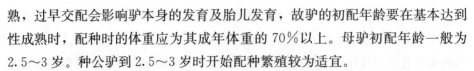

熟，过早交配会影响驴本身的发育及胎儿发育，故驴的初配年龄要在基本达到性成熟时，配种时的体重应为其成年体重的70%以上。母驴初配年龄一般为2.5～3岁。种公驴到2.5～3岁时开始配种繁殖较为适宜。

（4）发情　指母畜发育到一定阶段，性活动表现出周期性变化的生理现象，是由于性激素周期性变化引起的，表现有生殖器的变化，卵巢出现卵泡发育与排卵。与其他家畜相比，母驴发情的外部变化尤为明显，如吧嗒嘴、流唾液、抿耳弯腰、闪阴排尿、阴门肿胀等。

（5）发情季节　驴是季节性多次发情动物。山东地区驴发情在春、秋季最为明显，3月中下旬以及4月、5月是发情旺季；6月、7月天气炎热，发情及受胎率下降；9月天气变凉，发情又增多。发情较集中的季节，称为发情季节，发情季节与气候变化和营养状况有很大关系，在气候适宜和良好的饲养管理条件下，母驴也可常年发情。

（6）发情周期　母驴到了初情期以后，其生殖器官机能便发生一系列周期性的变化，这种变化周而复始（非繁殖季节及怀孕母驴除外），一直到停止性机能活动的年龄为止。这种周期性的性活动，称之为发情周期。其计算是从一次发情期的开始到下一次发情的间隔时间。一般分为4个时期：即发情前期、发情期、发情后期及间情期。由于发情周期是一个渐次变化的复杂生理过程，因此这4个时期前后之间并不能截然分开。发情周期与饲养管理、驴群膘情、季节都有很大关系，相关研究报道德州驴的发情周期普遍集中在22～24d，两次排卵间隔十几天的也有，也存在超过30d的情况，其变化范围为10～33d。

（7）发情持续期　指从发情开始到完全结束，中间相隔的天数。驴的发情持续期为3～14d，平均为5～8d。这些时期上的差异与母驴所处的自然环境、营养状况及年龄有关。一般在良好的生活条件下，卵泡的生长较快，发情持续期较短；反之，生活环境差、年龄小、使役较重的母驴，其发情持续期较长。

（8）产后发情　母驴在产后短期内出现的首次发情，称为产后发情。与母马相似，母驴产后14d左右即可发情配种，且容易受胎，俗称"配血驹"或"配热驹"，一般发情表现不明显甚至无发情表现，但经直肠检查则有卵泡发育而且可以排卵。

（9）妊娠和妊娠期　母驴发情接受配种后，精子和卵子结合受精，称为妊娠。从妊娠到分娩，胎儿在子宫内发育的这段时间，称为妊娠期。驴是单胎妊娠，偶尔也有双胎。妊娠期一般为365d，但因母驴年龄、胎儿、性别和膘情不同，妊娠期长短不一，但差异都不超过 1 个月。一般前后相差 10d 左右。

（10）繁殖率　繁殖率是指本年度内出生仔畜数占上年度适繁母驴数的百分比，主要反映驴群的增殖效率，肉驴的繁殖率一般为 60% 左右。

（11）受胎率　目前生产上是按照自然年统计受胎母驴数占受配母驴数的百分比。

（12）情期受胎率　情期受胎率是指在一个发情期内，受胎母驴头数占配种母驴头数的百分比。

第三节　驴发情鉴定及最佳配种时间

一、发情鉴定方法

现代牧场使用人工授精技术时，发情检测效率和准确性是影响繁殖力和经济效益最重要的因素之一。驴的发情鉴定方法主要以直肠检查、B超技术检查为主，结合试情法、外部观察法和阴道检查法确定适宜的配种时间。

1. 直肠检查　即手臂通过直肠，隔着肠壁触摸卵巢上卵泡的大小及弹性情况，掌握卵泡发育情况以确定适宜的配种期，这是鉴定母驴发情的最可靠方法。

检查前，首先应安全保定好母驴，建议戴长臂手套，用润滑剂润滑，目前直肠检查和配种用润滑剂很多。直肠检查也可以用稀释的洗洁精或者羟甲基纤维素钠配制成黏液使用。操作过程可参考 DB 37/T 2961—2017。

2. 外部观察　母驴发情症状明显，表现为神情不安，食欲减退，阴唇肿胀，皱纹消失，阴唇下沉略微张开。见到公驴时，抿耳，塌腰叉腿，闪阴排尿。根据发情进程和表现程度，分为以下 5 个时期：

（1）发情初期　母驴发情开始，就表现吧嗒嘴。当见到公驴时，抬头竖耳，轻微地吧嗒嘴。当公驴接近时，却踢蹶不愿接受爬跨。此时阴门肿胀不明显。

（2）发情中期　头低垂，两耳后抿，连续地吧嗒嘴，见公驴不愿离去，两后腿叉开，阴门肿胀，频频闪阴。阴道黏膜潮红，并有光泽。

（3）高潮期　昂头掀动上嘴唇，两耳后抿，贴在颈上沿，吧嗒嘴，同时头颈前伸，流涎，张嘴不合。主动接近种公驴，塌腰叉腿。阴门红肿，阴核闪动，频频排尿，从阴门不断流出黏稠液体，俗称"吊长线"，愿接受交配。此时宜配种或输精。

（4）发情后期　母驴性欲减弱，很少吧嗒嘴，仅当公驴爬跨时，才表现不连续吧嗒嘴；有时踢公畜，不愿再接受交配。阴门消肿、收缩、出现皱褶。下联合处有茶色干痂。

（5）静止期　上述各种发情表现消失。

3. 阴道检查　即通过观察阴道黏膜的颜色、光泽、黏液及子宫颈开张程度，来判断配种适期。

（1）发情初期　以开膣器插入或进行阴道检查时，有黏稠黏液。阴道黏膜呈粉红色，稍有光泽。子宫颈口略开张，有时仍弯曲。

（2）发情中期　阴道检查较易，黏液变稀。阴道黏膜充血，有光泽。子宫颈变松软，子宫颈口开张，可容一指。

（3）高潮期　阴道检查极易，黏液稀润光滑。阴道黏膜潮红充血，有光泽，子宫颈口开张，可容2～3指。此期为配种或输精适期。

（4）发情后期　阴道黏液量减少，黏膜呈浅红色，光泽较差。子宫颈开始收缩变硬，子宫颈口可容一指。

（5）静止期　阴道被黏稠浆状分泌物粘连，阴道检查困难。阴道黏膜灰白色，无光泽。子宫颈细硬呈弯钩状。子宫颈口紧闭。

二、最佳配种时间

卵泡的发育一般可分为7个时期：

1. 卵泡发育初期　两侧卵巢中开始有一侧卵巢出现卵泡，初期体积小，触之形如硬球，突出于卵巢表面，弹性强，无波动，排卵窝深。此期一般持续时间为1～3d，不配种。

2. 卵泡发育期　卵泡发育增大，呈球形，卵泡液继续增多。卵泡柔软而有弹性，以手指触摸有微小的波动感。排卵窝由深变浅。此期持续1～3d，一般不配种。

3. 卵泡生长期　卵泡继续增大，触摸柔软，弹性增强，波动明显，卵泡壁较前期变薄，排卵窝较平。此期一般持续1～2d，可酌情配种（卵泡发育快的驴配种，反之则不配）。

4. 卵泡成熟期　此时卵泡体积发育到最大程度。卵泡壁甚薄而紧张，有明显的波动感，排卵窝浅。此期可持续1～1.5d。应进行交配或输精。

5. 排卵期　卵泡壁紧张，弹性减弱，卵泡壁非常薄，有一触即破的感觉。

触摸时，部分母驴有不安和回头看腹的表现。此期一般持续 2~8h。有时在触摸的瞬间卵泡破裂，卵子排出。直检时则可明显摸到排卵凹及卵泡膜。此期宜立即配种或输精。

6. 黄体形成期　卵巢体积显著缩小，在卵泡破裂的地方形成黄体。黄体初期扁平，呈球形，稍硬。因其周围有渗出血液的凝块，故触摸有肉样实体感觉。此时不应配种。

7. 休情期　卵巢上无卵泡发育，卵巢表面光滑，排卵窝深而明显。

实践经验表明，"三期酌配，四期必配，五期补配"对提高驴的受胎率效果良好。

第四节　驴的妊娠诊断和妊娠周期

一、驴的妊娠诊断方法

早期妊娠诊断是提高母驴受胎率、减少空怀及流产的重要措施。对未孕母驴应于下一个发情期及时配种，减少空怀。对确诊怀孕母驴应做好保胎工作，防止流产。常用方法有外部观察、阴道检查及直肠检查 3 种方法。

1. 外部观察　通过肉眼观察母驴的外部表现来判断妊娠与否。最简单的方法是看下一个发情期是否发情。如果配种后不再发情，可初步认为已妊娠。母驴怀孕后食欲增进、毛色润泽、行动缓慢，性情温驯，到 5 个月时腹围增大偏向左侧，6 个月后可看到胎动。由此可知，外部观察法的最大缺点是不能早期（配种后第 1 个发情期前后）确诊母驴是否妊娠，因而达不到早期诊断的目的。

2. 直肠检查　同发情鉴定一样，通过直肠检查卵巢、子宫状况来判断妊娠与否。妊娠检查主要是触摸子宫中是否有胚胎，这是判断母驴是否妊娠的最简单而可靠的方法。判断妊娠的主要依据是：子宫角形状、弹力和软硬度；子宫角的位置和角间沟的出现；卵巢的位置、卵巢韧带的紧张度和黄体的出现；胎动；子宫中动脉的出现。检查时，将母驴保定，按上述直肠检查程序进行。

二、驴的妊娠周期

德州驴初情期的年龄为 1~2 岁。据报道，驴的妊娠时间为 356~375d。

受孕母驴妊娠时长在春季与冬季差异显著。

笔者统计了 269 头德州驴母驴的妊娠周期，发现妊娠周期为 356～365d 的母驴最多，达到 85 头，占所有母驴的 32%，妊娠周期为 366～375d 的母驴有 72 头，占所有母驴的 27%，可见妊娠周期在 356～375d 的母驴占比最高，达到 59%。此外，妊娠周期为 325～335d 的母驴有 6 头，可为选育较短妊娠周期的母驴提供实验材料，加快育种进程（图 7-1）。

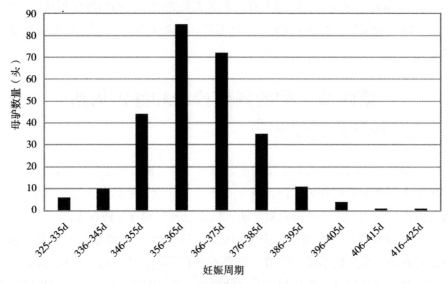

图 7-1　母驴妊娠周期统计结果

笔者进一步研究了妊娠周期、从分娩到第一次排卵的时间间隔与排卵前卵泡直径之间的关系，如表 7-1 所示。笔者发现德州驴妊娠时间存在较大差异，为 352～400d，平均为 375d。相对来说，妊娠周期短，从分娩到第一次排卵的时间间隔相对就长，与排卵直径没有显著的相关性。

表 7-1　德州驴的妊娠周期、从分娩到第一次排卵的间隔与排卵前卵泡直径

驴号	妊娠周期（d）	从分娩到第一次排卵的时间间隔（d）	排卵前卵泡直径（cm）
1	370	15	42
2	400	10	45
3	352	11	42
4	389	12	42

（续）

驴号	妊娠周期（d）	从分娩到第一次排卵的时间间隔（d）	排卵前卵泡直径（cm）
5	375	—	—
6	381	10	40
7	367	14	45
8	373	12	41
平均值±标准误	375.9±13.6	12.0±1.8	42.4±1.8

第五节　精液冷冻保存及品质检测

精液冷冻保存与人工授精技术相结合，在现代畜牧业生产中发挥着巨大的作用。据美国农业部统计，优质种公牛的精液冷冻和人工授精技术的大面积实施对美国奶牛群体遗传改良的贡献高达97%，使平均产奶量由过去的不到4t提高到目前的9t以上。

目前德州驴冷冻精液生产的技术规程列入了山东省地方标准（DB 37/T 2309）。

一、精液采集

采精是人工授精的重要环节。国外对马、驴采精多采用全自动采精仪，分别收集射精各阶段不同密度的精液，进行精液品质评价分析。国内驴精液采集多用假阴道（Artificial Vagina，AV）刺激收集。采精前先装好假阴道，在假阴道里面套一层一次性内胎膜，两端用皮圈套紧（彩图16）。假阴道内加1.5～2L水（约为假阴道容积的一半），水温45～50℃（冬季采精水降温快，夏季降温慢，可根据环境温度及驴采精时的反应适当调节水温）。加完水，给假阴道加压排除内胎和内胎膜间的空气，避免假阴道中温度不均匀不能形成足够刺激。在接精杯口铺4～6层无菌纱布，将接精杯固定在假阴道的精液收集端。假阴道装好后放到45℃恒温箱中保温。

让公驴爬跨固定好的发情母驴或台畜，刺激公驴兴奋使其阴茎勃起。阴茎勃起后，采精员根据阴茎大小及公驴喜好调整假阴道压力，右手托假阴道站在母驴右侧，待公驴爬上母驴左手轻托阴茎，假阴道置于母驴生殖道位置，将阴茎自然地导入假阴道内。射精时公驴尾根抽动，待不抽动时射精完成，此时可排气减压使阴茎自然地缩出假阴道。竖起假阴道使精液完全滤到接精杯内。每头驴隔 2～3d 采集精液一次，如彩图 17 所示。

二、冷冻保存的优化

精液冷冻过程中精子损伤主要有两种类型：氧化性损伤和物理性损伤，因此精液冷冻保存技术的研究多数集中在如何降低氧化性损伤和物理性损伤两方面。

1. 氧化性损伤的降低　氧化性损伤主要是由于氧化应激引起的，是影响受孕率的一个主要因素。氧化应激是由于活性氧和抗氧化剂的失衡引起，会导致精子损伤、畸形甚至引起雄性不育。构成细胞的所有成分如脂类、蛋白质、核酸和糖类都是氧化应激的潜在靶标。高浓度的活性氧会引起精子核酸磷酸化不足、脂质过氧化、运动和存活能力下降等，多项研究表明低浓度的活性氧或将活性氧浓度控制在一定范围，会对精子的正常生理功能（比如精子获能、顶体反应和受精信号传导等方面）维持起重要作用。

在精清中存在多种抗氧化剂和抗氧化剂酶，可保护精子免受氧化损伤。抗氧化剂是能打破氧化链式反应的中间物，因此能降低氧化应激。一般来讲，抗氧化剂是一种混合物，能清除或抑制活性氧的形成。维生素 E 能直接阻断由亚铁抗坏血酸引起的脂质过氧化反应产生的自由基，比如过氧化氢、烷氧基，因此一直作为一种主要的抗氧化剂使用。锰离子能通过降低氧化应激来提高精子活性、存活时间、精子获能和顶体反应。添加锰离子能通过刺激钙离子或镁离子依赖的 ATP 酶提高 cAMP 水平，从而打开钙离子通道，达到储存更多钙离子的目的，因此，锰离子能促进顶体反应。巯基基团在解毒和抗活性氧氧化方面也起着重要作用，而且还能维持细胞内氧化还原平衡，因此巯基基团也是一种重要的抗氧化剂。

抗氧化剂酶也是一种天然的抗氧化剂，主要包括超氧化物歧化酶（SOD）、过氧化氢酶（CAT）、谷胱甘肽（GPH-Px）和谷胱甘肽还原酶（GR），它们能消除过量活性氧并保护细胞结构免受损伤。SOD 自发的歧化超氧阴离子形成氧和过氧化氢，过氧化氢酶能使过氧化氢转变成氧和水，最终消除超氧阴离子的损伤。超氧化物歧化酶和过氧化氢酶也能除去中性粒细胞中由

NADPH 氧化酶产生的超氧阴离子,并在降低脂质过氧化物水平和保护精子免受氧化损伤方面发挥重要作用。

由于驴射精量较大,密度较低,在精液冷冻时大多要离心去除精清,导致精子失去精清中抗氧化剂的保护。这也是驴精液冷冻时要解决的一个难题。

2. 物理性损伤的降低　物理性损伤主要是由细胞内外形成冰晶造成的。一方面冰晶会破坏细胞结构,另一方面局部结冰会使细胞内渗透压发生变化,对细胞造成损伤。细胞冷冻时,首先在细胞外形成冰晶。在−10℃以上细胞内仍不能结冰,当继续降温时,细胞外冰晶加快形成。而在未结冰的水中,溶质的浓度越来越高,这会使细胞内过冷溶液和细胞外愈益变浓的溶质之间的化学势出现巨大差异。当降温速率较慢时,细胞外的溶液中首先出现冰晶,胞内外出现化学势差异,促使细胞内的水分通过细胞膜向外渗出,细胞内溶质浓度升高,产生细胞膜和胞内蛋白损伤,即"溶质损伤";而当降温速率较快时,细胞内部水分来不及外渗,就会出现胞内冰晶网,对细胞膜造成机械损伤。精液在降温过程中0~60℃为有害温度区域,因此在精液冷冻解冻过程中要尽快通过这个温度危险区才能获得比较理想的冷冻效果。理论上驴精液冷冻最佳降温速度是36.5℃/min。

细胞外冰晶的形成强烈地改变着细胞所处溶液的性质,这种变化常称为"溶液效应",发生这种现象的原因是冷冻时冰晶与溶质分离。添加非电解质,如甘油等,可明显改变溶液效应,但 Vidament 等报道在冷冻驴精液时添加2.2%、3.5%、4.8%的甘油,均会影响受胎率,推测甘油可能对母驴的生殖道有毒性作用。

在驴精液冷冻时选择什么样的降温曲线,添加什么浓度的抗冻剂,是驴精液冷冻时需要解决的重要技术问题。

三、冻精品质评价

精液品质决定精液样品的取舍和原精的稀释倍数,现行精液品质评定多从外观评定、显微镜活力评定和生化检查三方面进行。驴的原精活力70%~80%,高于马;驴精液 pH 为7.5~7.9,明显不同于牛、羊精液的6.5~6.9。此部分重点介绍精子活力、顶体完整性、线粒体活性、DNA 完整性和精子膜完整性等实验室评价方法。

1. 传统的精液品质检测方法

（1）膜完整性检测　质膜是精子最外层的细胞结构，对细胞内外起着生理屏障作用，其完整性与精子正常的生理功能、新陈代谢、获能、顶体反应、精子和卵子的结合、精子与卵细胞的融合过程有着直接的联系。有研究表明，精子质膜是最易损伤的部位，其完整性是精子死活的间接指标。检测膜完整性较经典的方法是低渗肿胀测试（HOST），这是 Osinowo 等于 1982 年发明的一种测试方法。

（2）线粒体活性检测　线粒体活性可用罗丹明 123（Rh-123）染色的方法鉴定。罗丹明 123 是一种可以通过细胞膜的选择性染色活细胞线粒体的荧光染料，呈黄绿色荧光，仅需几分钟就可以被具有活性的线粒体俘获，且对细胞没有任何毒性。操作过程为：将罗丹明 123 溶于 37℃预热的 HEPES/BSA 溶液中。精液 37℃暗处孵育 10min 后取样加到罗丹明 123 染液中，随后将精子置于潮湿黑暗的地方 37℃孵育 30min。孵育完成后取样品涂片，然后在上面再涂一层抗荧光淬灭剂保护荧光。37℃条件下用 400 倍荧光显微镜观察，具有活性的线粒体被罗丹明 123 染色发出绿色荧光。

（3）顶体完整性检测　顶体完整性采用异硫氰酸酯-花生凝集素（FITC-PNA）进行检测。操作过程为：取精子样品涂片，风干后用甲醇 20～22℃条件下固定 10min，然后风干。将玻片浸没在异硫氰酸酯-花生凝集素溶液中，在黑暗潮湿环境中 37℃孵育 30min。用 PBS 漂洗玻片，风干后涂一层抗荧光淬灭剂保护荧光。盖上盖玻片，用无色指甲油封片。在荧光显微镜下观察。顶体完整的精子细胞发出强荧光。每张玻片至少检测 300 个精子细胞以计算顶体完整率。

（4）DNA 完整性检测　DNA 完整性可用精子染色质结构分析（SCSA）的方法检测，是由 Evenson 等发明并由科研工作者进一步改进而来。吖啶橙（AO）可与双链 DNA 精子结合成单体形式发出绿色荧光，而与单链 DNA 精子结合成聚合物形式发出红色或黄色荧光。检测方法：取精液样品用 TNE 缓冲夜将精子稀释到 $2×10^6$ 个/mL，用二倍体积的低 pH 洗涤液洗 30s，再用吖啶橙染色 6min。染完色，用蒸馏水漂洗后盖上盖玻片，1h 内在荧光显微镜下观察。DNA 完整的精子细胞发出绿色荧光，DNA 链断裂或单链 DNA 发出橘黄色、黄色、火红色荧光。每张玻片至少观察 300 个精子。

DNA 完整性检测还可以用单细胞凝胶电泳（SCGE）方法检测。单细胞凝胶电泳技术由 Ostling 等（1984）首创，后经 Singh 等进一步完善而逐渐发展起来，成为一种快速检测单细胞 DNA 损伤的实验方法，因其细胞电泳形状颇似彗星，又称彗星试验（Comet Assay）。操作过程：解冻的精液在室温经2 184r/min 离心 5min，用磷酸盐缓冲液稀释到精子终浓度为 2×10^6 个/mL。在玻片上铺一薄层 1% 的琼脂糖，室温下固化 10min，取 $10\mu L$ 精细胞悬液与 $200\mu L$ 低熔点琼脂糖混匀后滴加于第一层胶上，加盖盖玻片使其均匀铺开，置于 4℃ 条件下凝固 15min。移去盖玻片加 0.75% 低熔点琼脂糖于第二层胶上，加盖玻片在 4℃ 条件下凝固 15min，避免精子流失。凝固完成后将载玻片浸入冷的裂解缓冲液中 4℃ 消化 2h，RNase 处理 4h，再用蛋白酶 K 37℃ 水浴消化过夜。控干载玻片上的水，整齐摆放在含电泳液的电泳托盘中，平衡 20min。在室温、20V 和 100mA 条件下电泳 1h。将凝胶置于 0.4mol/L Tris、pH 为7.5 的缓冲液中 4℃ 浸泡 5min，每间隔 5min 重复一次。控干玻片上的水，浸入含 75% 甲醇的固定液中固定 20min，风干。随后 EB（溴化乙啶）染色置于400 倍荧光显微镜下观察，DNA 断裂的细胞会形成彗星样条带，DNA 完整的精细胞则不会出现这种情况。

2. 新兴驴精液品质检测方法　冷冻精液的生产与应用是改良传统本交繁殖方式的有效方法。德国米尼图公司最新的 AndroVision® 系统，可用于检测驴冻精的解冻后活力、生存力、线粒体活性、顶体完整性等指标。与传统人工检测方法相比，AndroVision® 系统检测方便快捷，客观性强，重复性好，得到的数据丰富。该系统不但拥有传统的 CASA 系统分析性能，还拥有更多的精子品质功能检测方法，可在每个视野中观察多达几千个精子细胞，可准确检测原精及解冻后精液的各项指标，包括密度、活力、形态学和形态测量学、生存力、线粒体活性和顶体完整性，所有的图像和数据均可保存以备日后检验回顾。AndroVision® 还可以与 IDA 和 IDEE 实验室管理软件进行对接，分析报告可被打印出来或生成电子文件以供保存。

（1）AndroVision® 系统的组成　AndroVision® 系统分为硬件和软件，硬件主要有电脑、荧光倒置显微镜、恒温台、高清摄像头等；软件为 AndroVision® 系统，分为活力与密度、形态学和形态测量学、生存力 H33342/PI、生存力 SYBR14/PI、线粒体活性、顶体完整性等模块。

（2）驴精子活力的检测　与传统方法相比，AndroVision® 系统的精液活力模块会快速分析出环状移动、快速前进、缓慢前进、原地移动、静止状态的精子比例（％），所有精子被分为前进式运动、原地移动和静止状态。前进式活力是指快速前进、缓慢前进和环状移动活力的总和。总活力是指前进式活力和原地移动活力的总和。检测完后可以从"回顾"模块中查看并导出检测结果。

（3）驴精子生存力的检测　生存力，即精子细胞膜完整性，与精子的生理功能及受精时的各种反应密切相关。采用双荧光染色剂 Hoechst33342/PI 对精子进行染色。Hoechst 33342 可渗入细胞膜中并且与 DNA 中的 A-T 蛋白质结合，所有精子细胞被染为蓝色。PI 染色剂（碘化丙啶）只会渗入受损的细胞膜中，它会叠加在蓝色的 DNA 染色剂上。细胞膜破损的精子会被染为红色或紫红色。

具体操作步骤：取 $50\mu L$ 待测精液，加入 $1.5\mu L$ 染色剂 Hoechst33342/PI，于 $37^{\circ}C$ 恒温台上，避光孵育 15min，取 $4\mu L$ 待测溶液滴在清洁的载玻片上，盖上盖玻片，于显微镜下检测。选择 6 个视野进行分析，并点击"接受"按钮。可从"回顾"模块中查看检测结果。

（4）线粒体活性检测　线粒体是为精子运动提供能量的细胞器，其活性直接影响着精子的受精能力。采用双荧光染色剂 Hoechst33342/Rhodamin 123 对精子进行染色，检测线粒体活性。Hoechst33342 可以将精子细胞核染为蓝色。Rhodamin 123 可使精子中部的线粒体部分染成绿色，绿色越深，说明线粒体活性越强。

具体操作步骤：取 $50\mu L$ 待测精液，加入 $4\mu L$ 染色剂 Hoechst33342/Rhodamin 123，于室温避光孵育 20min，然后 700r/min 室温离心 5min，弃上清液，向沉淀中加入 $50\mu L$ 精子保护液，混匀后取 $4\mu L$ 待测溶液滴在清洁的载玻片上，盖上盖玻片，于显微镜下检测。选择 6 个视野进行分析，并点击"接受"按钮。绿框标出的为线粒体有活性的精子，红框标出的为线粒体无活性的精子。可从"回顾"模块中查看检测结果。

（5）顶体完整性检测　精子顶体的完整在受精过程中至关重要，顶体破损的精子很难完成受精过程。采用双荧光染色剂 Hoechst33342/FITC-PNA 对精子进行染色，检测顶体完整性。Hoechst33342 可以将精子细胞核染为蓝色。FITC-PNA 可使顶体破损的精子头部染为绿色，从而区分出顶体完好与顶体破损的精子。

具体操作步骤：取 $50\mu L$ 待测精液，加入 $17\mu L$ 染色剂 Hoechst33342/

FITC-PNA，于室温避光孵育 20min，取 $4\mu L$ 待测溶液滴在清洁的载玻片上，盖上盖玻片，于显微镜下检测。绿框标出的为顶体完整的精子，红框标出的为顶体破损的精子。选择 6 个视野进行分析，并点击"接受"按钮。可以从"回顾"模块中查看检测结果。

（6）检测报告　点击"回顾"模块，即可找到相应的检测结果。检测报告分为 Excel 表格和 Pdf 报告两个格式。Excel 表格便于比较不同样本的差异，Pdf 报告可给出全部结果。

（7）部分检测结果与分析　利用 AndroVision® 系统对东阿阿胶股份公司的 9 头种公驴共 19 个批次的冻精产品的活力、生存力、线粒体活性和顶体完整性等指标进行了检测，并与传统检测方法所得结果进行了简单对比分析。

①驴冻精解冻后活力检测的部分结果。驴冻精解冻后活力的检测结果见表 7-2。AndroVision® 系统检测的快速前进活力值基本与人工观察所估测的解冻后活力值及文献报道的解冻后活力值（Trimeche 等，1998）相当，都在 $0.35\sim0.70$。由表 7-2 还可以看出 AndroVision® 系统可以将不同状态的精子分别统计，具有更好的统计学意义。而以往传统检测方法对活力检测的结果只有一个活力值，即肉眼估测的运动精子所占的比例，因而具有一定的主观性。

表 7-2　AndroVision® 系统检测驴冻精解冻后活力的结果

驴号	批次号	总体活力(%)	前进式活力(%)	快速前进活力(%)	缓慢前进活力(%)	环状移动活力(%)	原地移动活力(%)	静止的精子细胞(%)
1	20140520	72.61	63.96	53.12	9.46	1.37	8.65	27.39
1	20140717	62.50	50.6	37.84	11.61	1.16	11.89	37.50
2	20150319	51.46	44.60	33.29	8.90	2.41	6.86	48.54
3	20150313	66.59	59.57	49.81	8.20	1.56	7.02	33.41
4	20140922	73.43	68.37	59.47	6.54	2.355	5.07	26.57
4	20140704	67.29	61.12	53.03	5.99	2.10	6.17	32.71

（续）

驴号	批次号	总体活力(%)	前进式活力(%)	快速前进活力(%)	缓慢前进活力(%)	环状移动活力(%)	原地移动活力(%)	静止的精子细胞(%)
4	20150421	74.14	66.23	55.42	9.51	1.29	7.91	25.87
5	20150317	75.43	69.39	58.18	8.53	2.68	6.03	24.57
5	20150305	70.06	65.97	54.08	5.35	6.53	4.09	29.94
6	20130424	72.12	56.45	45.27	9.55	1.63	15.67	27.89
6	20130424	60.20	52.74	43.36	8.53	0.85	7.46	39.8
6	20140312	67.18	58.52	49.92	6.90	1.70	8.66	32.82
7	20141219	62.78	57.00	50.57	5.07	1.37	5.77	37.22
7	20140711	59.05	52.68	46.31	6.03	0.34	6.37	40.95
7	20150430	71.37	65.94	53.26	7.46	5.21	5.43	28.63
8	20150327	64.56	55.65	44.07	9.36	2.22	8.91	35.44
8	20150126	76.80	69.87	57.27	11.38	1.22	6.93	23.20
9	20150318	76.23	66.81	54.06	8.62	4.12	9.42	23.77
9	20150320	73.82	66.99	56.75	8.73	1.52	6.83	26.18

数据来源：东阿黑毛驴研究院。

②驴冻精解冻后的生存力、线粒体活性和顶体完整性检测。驴冻精解冻后的生存力、线粒体活性、顶体完整性的检测结果见表7-3。检测统计生存力、线粒体活性和顶体完整性指标时发现 AndroVision® 系统可分析数以千计的精子，使得统计结果更可靠，稳定性好，具有较好的统计学意义。而以往传统检测方法主要是肉眼观察，因荧光会在检测过程中逐渐消失，因而可计数的精子有限。综上，二者的检测结果间会存在一定差异。

表 7-3 AndroVision® 系统检测驴冻精解冻后生存力、线粒体活性、顶体完整性的结果

驴号	批次号	生存力			线粒体活性			顶体完整性		
		已分析的精子数	活的(%)	死的(%)	已分析的精子数	线粒体无活性(%)	线粒体有活性(%)	已分析的精子数	顶体完好的比例(%)	顶体破损的比例(%)
1	20140520	4 458	52.53	47.47	1 247	43.87	56.13	968	60.74	39.26
1	20140717	4 848	59.65	40.35	912	30.48	69.52	1 405	77.72	22.28
2	20150319	7 293	52.90	47.10	2 254	67.88	32.12	1 440	46.67	53.33
3	20150313	6 941	59.78	40.22	1 701	55.50	44.50	1 681	56.81	43.19
4	20140922	3 700	58.62	41.38	860	37.09	62.91	1 213	74.61	25.39
4	20140704	4 500	56.24	43.76	839	38.97	61.03	1 615	79.26	20.74
4	20150421	8 034	69.24	30.76	1 323	31.59	68.41	956	81.80	18.20
5	20150317	8 535	60.21	39.79	848	51.18	48.82	1 744	83.60	16.4
5	20150305	6 775	79.10	20.90	1 946	46.97	53.03	1 905	76.69	23.31
6	20130424	3 357	66.37	33.63	732	36.75	63.25	1 419	83.44	16.56
6	20130424	5 476	42.44	57.56	1 496	63.24	36.76	1 626	37.70	62.30
6	20140312	5 827	33.50	66.50	1 873	68.66	31.34	206	49.03	50.97
7	20141219	7 560	47.54	52.46	671	46.65	53.35	1 364	57.26	42.74
7	20140711	2 613	54.31	45.69	966	49.38	50.62	1 477	74.61	25.39
7	20150430	5 569	72.69	27.31	1 467	46.42	53.58	1 124	72.51	27.49
8	20150327	7 916	67.66	32.34	2 319	41.01	58.99	1 200	48.92	51.08
8	20150126	2 977	28.42	71.58	1 432	65.64	34.36	1 028	66.73	33.27
9	20150318	5 073	70.87	29.13	716	42.74	57.26	117	82.05	17.95
9	20150320	4 559	66.99	33.01	1 025	47.12	52.88	964	78.73	21.27

四、德州驴冷冻精液相关研究进展

1. 德州驴冷冻精液稀释液中添加脱脂奶、酪蛋白和酪蛋白酸钠对冻精品质的影响　2014年，山东省农业科学院奶牛研究中心马属动物研究室开展了脱脂奶、酪蛋白和酪蛋白酸钠在德州驴精液冷冻中的保护效果研究。

德州驴精液冻存时，稀释液中生物源性成分的减少能够保证稀释液的稳定性，有利于工业化生产；高甘油含量会刺激母驴，影响受胎率。在低甘油含量（2.5%）条件下，筛选脱脂奶、酪蛋白和酪蛋白酸钠在精液稀释液中的适宜添加浓度。研究发现：在基础液中添加酪蛋白和酪蛋白酸钠浓度达到1%时，有一定保护作用，平均冻后活率达30.2%；当酪蛋白浓度添加至1.2%时，冻存效果显著提高，平均冻后活率达40.6%；继续增大酪蛋白浓度，冻后活率无显著变化（$P > 0.05$）。在此基础上，研究了1.2%酪蛋白和1%酪蛋白酸钠稀释液＋脱脂奶（1∶1比例混合）、1.4%酪蛋白和1%酪蛋白酸钠＋脱脂奶（1∶1比例混合）对驴精液的冷冻保护效果，发现1.4%酪蛋白和1%酪蛋白酸钠＋脱脂奶稀释液冻后活率为43.6%，高于1.2%酪蛋白稀释液＋脱脂奶的冷冻保护效果，但差异不显著（$P > 0.05$）。与卵黄稀释液相比，酪蛋白稀释液冻后的精子膜完整性及顶体完整性两个指标显著升高，表明酪蛋白稀释液对精子细胞膜和顶体具有较好的保护效果。后续人工授精结果显示：配种194头母驴三个情期受孕率63.9%，表明酪蛋白稀释液可用于驴冻精生产。

2. SOD与CAT对德州驴精液冷冻效果的影响研究　精液冷冻过程中精子损伤主要有两种类型：氧化性损伤和物理性损伤。氧化性损伤主要由氧化应激引起，氧化应激是由活性氧（ROS）和抗氧化剂失衡所致。氧化性损伤会引起精子损伤、畸形甚至导致雄性不育，是影响受孕率的一个重要因素。很多研究者推测精液冷冻过程中反应氧过度产生及精子抗氧化能力的下降会增加精子损伤程度。通过检测德州驴鲜精、卵黄稀释液、稀释后精液和冷冻后精液SOD、CAT、GSH-Px三种酶的活性以及总抗氧化能力（T-AOC）的活性，发现德州驴鲜精中三种酶的活性显著高于卵黄稀释液、稀释后精液和冷冻后精液（$P < 0.01$），但经稀释处理后的精液和冷冻后的精液无明显变化（$P > 0.05$），卵黄稀释液中抗氧化酶含量较低。卵黄稀释液能在一定程度上补偿因去除精清引起的抗氧化剂酶损失，但仍显著低于鲜精中抗氧化酶水平。因此，进一步设计了在卵黄稀释液中添加SOD、CAT的试验，旨在筛选SOD、CAT

在卵黄稀释液中的最佳添加量。试验发现 SOD 和 CAT 最适添加浓度分别为 300U/mL、400U/mL，经这些稀释液冷冻保存的精液解冻后精子活率、膜完整性和线粒体活性显著提高。

第六节　人工授精

与其他家畜相比，驴人工授精技术发展相对缓慢，主要原因一是缺乏繁殖记录，对排卵机制认知有限：驴发情周期为 20～40d，多数品种在 23～30d，发情持续 6～9d，发情 5～6d 后排卵；二是对驴人工授精的认同度不高：驴本交或人工授精在 1 个发情期中要进行 2～4 次，显著不同于牛的人工授精；三是在驴人工授精过程中出现了其他物种不存在的技术障碍，比如母驴的子宫颈通常比马长，且子宫颈口直径较小。但驴具有较高的经济价值，且人工授精技术在大规模饲养条件下可降低养殖成本、减少疫病传播、提高优良种质利用效率、选择最佳的配种时机等，因而有必要形成一套有效的人工授精技术来辅助繁殖。

驴低剂量人工授精经常采用子宫颈深部授精的方式，即用输精管将精液输送到与卵巢优势卵泡发育同侧的近输卵管乳突部，此方法在精子数量有限的条件下能有效地提高受精率。目前常用的有直肠把握深角授精技术（TRG）和宫腔镜深角授精技术（HYS）两种方式。宫腔镜深角授精法授精位置准确，但宫腔镜设备昂贵，且子宫内窥镜检测和相关的空气扩张子宫可能引起细菌滋生造成子宫内膜炎，也会降低受孕率。采用一次性授精管通过直肠引导的方式将精液输送到近输卵管乳突部的方法可替代宫腔镜授精方法。

直肠把握深角授精操作要点：需要准备 75cm 长、可弯曲的外部导管一根，80cm 长授精内部导管一根，5mL 全塑料无菌注射器一支。导管准备完毕后吸取精液，手拿导管经产道穿过子宫颈，然后将手臂撤出产道，插入直肠，经直肠引导输精管到达与优势卵泡发育的卵巢同侧的子宫角顶部。通过触诊的方式确认输精管末端到达子宫角顶端，推动注射器慢慢将精液缓缓注入子宫腔内。拔下注射器吸取 3mL 空气缓缓压到输精管中，确保精液完全排出输精管。抽出内部输精管，看精液是否全部注入子宫内，如果没有则重复上述操作，直到全部注入为止。抽出内部输精管后用 5mL 空气吹一下外部输精管，确保精液不遗留在外部输精管中。通过这种操作使得精液布满子宫角顶部。目前，已研制出新型驴用输精枪，一次可输 5 支 0.5mL 细管精液，比上述导管法更方便、卫生，详见彩图 18、彩图 19。

宫腔镜输精操作要点：与直肠把握输精技术相似，手拿可弯曲的内窥镜进入产道穿过子宫颈。撤出手臂插入到直肠中，通过直肠引导内窥镜到与优势卵泡发育的卵巢同侧的子宫角中。向子宫角末端充气，使内窥镜前行，直至看到输卵管乳头。内部输精管前行到接近输卵管乳头，此时将精液排到乳头内。注射器再吸取空气向输精管中注射，直到排不出精液为止。将输精管撤出，将内窥镜撤到子宫角底，排除子宫内的空气，最后将内窥镜撤出。

目前有关驴冷冻精液人工授精技术已经制定了山东省地方标准，从此标准中可以掌握德州驴冷冻精液人工授精的技术规范。

第七节　体尺性状与精液品质相关性分析

随着精液冷冻技术的不断发展，对优秀公畜的需求也相应提高，这使得预测公畜生精能力的方法，尤其是在较早年龄段对公畜生精能力的鉴定方法快速发展。研究表明，公牛阴囊周径与睾丸宽或睾丸体积高度相关（$R=0.86$，$P<0.001$；$R=0.84$，$P<0.001$）。据 Pant 等（2003）的研究，Murrah buffalo 公牛阴囊周径不仅与睾丸大小（睾丸宽、睾丸长、睾丸体积）高度相关（$R=0.92$），而且与每次射精量和精子密度呈正相关，不同年龄组平均每周射精总精子数分别为 15.3×10^9 个（25～36 月龄，$n=17$）、18.2×10^9 个（37～48 月龄，$n=16$）、19.8×10^9 个（49～60 月龄，$n=14$）、23.6×10^9 个（>60 月龄，$n=10$），相应的每克睾丸每周产生精子数为 59.1×10^6 个、45.8×10^6 个、41.1×10^6 个、36.2×10^6 个。

动物的精液品质会随季节发生显著变化。田亚丽等（2005）的研究表明，季节显著影响波尔山羊种公羊采精量、精子活力、顶体完整率等（$P<0.05$），顶体完整率和活力随季节变化发生变化的趋势一致，从优（多）到劣（少）分别为夏季（42.6%、54.8%）、秋季（41.7%、53.2%）、冬季（38.5%、48.6%）、春季（33.0%、44.5%）；采精量从多到少的顺序依次为秋季（1.40mL）、夏季（1.27mL）、冬季（1.01mL）、春季（0.90mL）。

动物界雄性精液品质与体重也有一定的相关性。具有标准体型个体具有较高的生产性能与经济效益，因此在生产中可以通过体尺测量实现经济性状的表型选择。但是体尺性状与精液品质间的相关研究在哺乳动物中较少，在家禽中有部分相关研究。通过对隐性白 H 系公鸡体尺性状与精液品质研究发现，两组性状间相关系数为 0.848 1，其相关关系主要由胸围和精子密度间的负相关所致。马铭龙等（2014）通过对狮头鹅体尺性状与精液品质间相关性分析，发现体尺性状与精液品质存在关联，公鹅胸围与射精量呈负相关（$P<0.05$），精子密度与跖围呈正相关（$P<0.05$），跖围与畸形率呈极显著负相关（$P<0.01$）。

影响驴精液的因素有很多，包括遗传因素、饲养管理、配种（采精）频率等。山东省农业科学院奶牛研究中心马属动物研究室前期对驴体尺和驴精液品质进行了相关性分析。通过统计分析东阿黑毛驴繁殖基地 23 头德州驴种公驴体重、体尺数据与精液品质数据，发现冻后活率与管围相关系数为 0.501（$P<0.05$），但与体高、体长、胸围、尻宽、尻长、胸深、胸宽、体重、阴茎长、阴茎基部周径、阴囊周径、睾丸长轴长、睾丸宽不相关（$P>0.05$）。体高与采精量有相关关系（$R=0.423$，$P<0.05$），体长（$R=0.502$）、阴囊周径（$R=0.501$）与总精子数具有相关关系（$P<0.05$），管围（$R=0.717$）、尻长（$R=0.748$）与总精子数具有相关关系（$P<0.01$），而体尺和精液密度无相关关系（$P>0.05$）。

第八节　种驴培育及优选

一、种驴选择原则

综合选择是按个体的血统、外貌、体尺、性能和后裔等五项内容进行综合评定。根据综合评定结果，划定个体的鉴定等级，分为特级、一级、二级、三级、四级等。因此，鉴定等级能全面准确地反映个体的质量，严格按等级标准进行种驴选择，可以保证采购标准*。

二、种驴分级标准

种驴在选择分级过程中须经过初次选择和二次选择，初次评定为特级、一级的驴可继续培养作为后备种驴，评定为二级及以下的驴转为商品驴。初次评

---

*　此部分内容主要参考东阿阿胶黑毛驴研究院对德州驴种公驴的选育标准。

定合格的后备种驴在二次评定确定为特级、一级后方可作为种驴。

1. 初次选择 在种驴达到 1.5 岁时，对其进行系谱鉴定、外貌鉴定和体尺鉴定。

（1）系谱鉴定 根据遗传学原理，驴亲代的品质可以直接影响其后代，以父、母双亲的影响最大。查明其父母代等级的情况，按表 7-4 评定其血统等级。

表 7-4 驴的血统定级表

双亲	特	一	二	三
特	特	一	二	二
一	特	一	二	二
二	一	二	二	三
三	二	二	二	三
等外	三	三	等外	等外

（2）外貌鉴定 先静态观察，再牵引运动观察其运步等情况，依据表 7-5 测定其体质外貌评分。

根据体质外貌、毛色、体尺指标、繁殖性能综合评定，对种公驴进行选留，体质外貌评分见表 7-5。

表 7-5 种公驴体质外貌评分表

项目	满分标准	满分 （共 10 分）
整体结构	驴的全身结构要求紧凑匀称，各部位互相结合良好，体躯宽深，体质干燥结实，肌肉、筋腱、关节轮廓明显，骨质致密，皮肤有弹性。行走轻快。公驴鸣声大而长	2.5
头颈部	头形方正，大小适中，干燥。额宽，眼大有神，耳竖立，鼻孔大，口方，齿齐，颚凹宽净。颈长而宽厚，韧带坚实有力，方向适当高举，与头、肩结合良好	2.0
躯干部	前胸宽，胸廓深广，胸深率为 40%，鬐甲宽厚，肩长而斜，背腰宽直，肋骨圆拱，腹部充实，膁部要短而平，尻部肌肉发育丰满、尻宽而大、尻向趋于正尻	2.5
四肢部	四肢端正，肢势正确，不要靠膝（X 状）或交突。筋腱粗而明显，关节大而干燥。飞节角度适中，为 140°～145°。系部长短及斜度合适。蹄圆大，端正，角质坚实。运步轻快，稳健有力	2.0
生殖器官	公驴阴囊毛细皮薄，两睾丸发育良好，附睾明显；阴茎勃起有力，龟头膨大，性欲旺盛。母驴乳房发育良好，皮薄毛细，富有弹性，乳头及阴门正常	1.0

一般评分＞8.0，属于特级；7.0＜评分＜8.0，属于一级；6.0＜评分＜7.0，属于二级；5.0＜评分＜6.0，属于三级；小于5.0者，则属于四级。按体质外貌对驴评定，外貌上凡具有严重狭胸、靠膝、交突、跛行、凹背、凹腰、卧系及切齿咬合不全等缺点者，建议直接淘汰。

（3）体尺鉴定　按照表7-6判定体尺等级。

表7-6　1.5岁德州驴的体尺评级标准

等级	公驴				母驴			
	体高（cm）	体长率（%）	胸围率（%）	管围率（%）	体高（cm）	体长率（%）	胸围率（%）	管围率（%）
特级	135.0	100	107	12.3	131.0	100	107	12
一级	131.0	100	107	12.3	127.5	100	107	12
二级	127.5	100	107	12.3	123.5	100	107	12
三级	123.5	100	107	12.3	120.0	100	107	12

表7-7为驴的综合等级标准。

综合等级为特级、一级的驴继续作为后备种驴，综合等级为二级及以下的驴转为商品代。

表7-7　评定驴的综合等级标准

单项等级	总评等级	单项等级	总评等级
特特特	特	一一一	一
特特一	特	一一二	一
特特二	一	一一三	二
特特三	二	一二二	二
特一一	一	一二三	三
特一二	一	一三三	三
特一三	二	二二二	二
特二二	二	二二三	三
特二三	三	二三三	三
特三三	三	三三三	三

2. 二次选择　在驴达到3.5岁时，对其进行外貌鉴定、体尺鉴定和繁殖性能鉴定。

（1）外貌评定　同初次选择。

（2）体尺鉴定　依据表7-8判定体尺等级。

表7-8　3岁德州驴的体尺评价标准

等级	公　驴				母　驴			
	体高（cm）	体长率（%）	胸围率（%）	管围率（%）	体高（cm）	体长率（%）	胸围率（%）	管围率（%）
特级	142.0	100	107	12.3	138.0	100	107	12
一级	138.0	100	107	12.3	134.0	100	107	12
二级	134.0	100	107	12.3	130.0	100	107	12
三级	130.5	100	107	12.3	126.0	100	107	12

（3）繁殖性能测定　依照表7-9测定驴的繁殖性能。

表7-9　驴繁殖性能评级标准

等级	公　驴				母　驴		
	性欲水平	一次性射精量（mL）	精子活力（%）	精子密度（亿个/mL）	性欲水平	发情规律性	幼畜出生重（kg）
特级	强烈	90	0.9	3	强烈	很明显	>30
一级	强	70	0.8	2	强	明显	>25
二级	较强	50	0.7	1	较强	较明显	>22
三级	一般	<50	<0.7	<1	一般	不明显	<22

依据表7-9，综合等级为特级、一级的驴作为种驴，综合等级为二级及以下的驴转为商品代。

3. 后裔测定　对达到适配年龄的，等级为特级、一级的公驴、母驴进行随机选择配种，测定其后代的综合等级，要求测定的公驴后裔不少于10头，母驴后裔不少于2头。依照表7-10确定等级标准。选择等级为特级、一级的驴作为种驴，综合等级为二级及以下的驴转为商品代。

表7-10　后裔测定等级标准

等级	评级标准
特级	后代中75%在二级（含二级）以上，不出现等外者
一级	后代中50%在二级（含二级）以上，不出现等外者
二级	后代中全部在三级（含三级）以上者
三级	后代大部分在三级（含三级）以上，个别为等外者

第八章
驴营养需要与常用饲料

为有效解决驴产业发展中的饲料技术难题，填补驴专业化日粮产品与技术空白，东阿阿胶股份有限公司黑毛驴研究所联合中国农业大学动物营养国家重点实验室与国内外动物营养学权威专家，开展驴饲养标准研究。经多年研发与养殖实践积累，依据不同生长阶段的营养需要与饲草、料营养价值评定，采用优质原料与先进的加工工艺，成功开发出科学的驴专用日粮产品。

第一节　营养需求

关于驴的营养需求还没有系统的研究，实际生产中简单套用小型马的营养标准并不科学，需要通过开展相关试验来明确驴不同生长阶段的最低营养需要量。

一、对蛋白质的需要

蛋白质对驴的生长发育及生理、生殖健康等具有重要功能，是驴营养需要的重要指标。蛋白质摄入不足容易引起驴消瘦，驴驹生长发育迟缓，种公驴精液品质下降，母驴乳品质、产乳量及繁殖机能下降等问题。有关驴的蛋白质需要量的研究数据非常少，还无法具体确定其需要量。已有研究报道，驴每100kg体重蛋白质维持需求量是120g/d，参照 NRC（2007）马粗蛋白质需求量的公式来计算，马每100kg体重蛋白质维持需求量为120g/d，二者的结果非常接近。实际生产中发现，驴可以在低蛋白日粮条件下长期保持体重不下降，而马不行，由此判断驴的蛋白质需求明显低于马。同时可以判定驴对能量

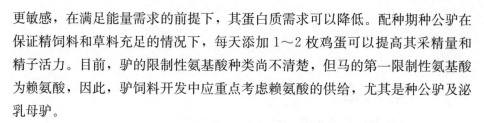

更敏感，在满足能量需求的前提下，其蛋白质需求可以降低。配种期种公驴在保证精饲料和草料充足的情况下，每天添加 1～2 枚鸡蛋可以提高其采精量和精子活力。目前，驴的限制性氨基酸种类尚不清楚，但马的第一限制性氨基酸为赖氨酸，因此，驴饲料开发中应重点考虑赖氨酸的供给，尤其是种公驴及泌乳母驴。

二、对能量的需要

驴属于单胃动物，其主要能量来源物质与其他动物一样，多为玉米、油脂、小麦及其副产品等。能量采食量不足时，会造成驴的体重下降、母驴发情周期延迟、公驴精液品质下降、驴驹生长受限等；能量采食过剩时，易造成驴肥胖、发生毒血症（如蹄叶炎等）以及降低母驴繁殖性能和使用年限等。已有研究表明，驴的静息代谢比马低 20%，同时驴还可以根据日粮的好坏改变静息代谢率，由于驴的体型较小，其工作时比马和牛消耗更少的饲料（Guerouali 等，2003）。

三、矿物质和维生素

维生素和矿物质在驴生长繁殖等方面发挥重要作用，在生产实际中，通过投喂新鲜牧草和舔砖可满足驴对维生素和矿物质的需要，而规模化饲养则需要通过在饲料中补充矿物质和维生素来满足推荐的营养标准。正常情况下，驴可以有效地吸收维生素 C 和维生素 D，但不能合成维生素 A 和维生素 D。维生素 A、维生素 E、维生素 K 和维生素 B 族都是驴易缺乏的，在饲养管理中应注意补充。

第二节　常用饲料与日粮

驴的营养主要来源于饲料和饮水。驴可消化、吸收利用饲料中的营养物质组成体组织，维持生命和进行生产活动，转化成对人类有价值的产品。

饲料中营养成分包括水分、蛋白质、脂肪、碳水化合物、维生素和矿物质等。饲料种类不同，各营养成分的种类和数量也不相同，根据饲料各营养成分的特点可将饲料分为青饲料、粗饲料、蛋白质饲料、能量饲料、矿物质饲料和维生素饲料等。此外还有一种添加剂饲料，多用于工厂化高产畜禽。

一、青饲料

青饲料的种类极其繁多，因富含叶绿素而得名。含水量都在 60% 以上。天然牧地牧草，栽培牧草，蔬菜类饲料，作物的茎叶，枝叶饲料，水生植物和胡萝卜的块根、块茎等都属于青饲料。

1. 青饲料的特点

（1）含营养成分比较多　优质青绿多汁饲料含有丰富的蛋白质、维生素和矿物质。一般禾本科与蔬菜类饲料粗蛋白质含量为 1.5%～3%，豆科青饲料为 3.2%～4.4%。如按干样计算，前者粗蛋白质含量为 13%～15%，后者可高达 18%～24%，后者可满足驴在任何生理状态下对蛋白质的营养需要。不仅如此，由于青饲料都是植物体的营养器官，一般含赖氨酸较多，其蛋白质品质优于各类子实蛋白质。此外，青饲料还是维生素特别是胡萝卜素的良好来源。在正常采食情况下，青饲料所提供的胡萝卜素超过驴需要的 100 倍还多，同时也是 B 族维生素的良好来源。青饲料在维生素营养方面的缺点是不含维生素 D。青饲料所含矿物质也比较丰富。钙、磷比例适当，尤其是豆科牧草，含钙更多。例如苜蓿干草粉含钙量比玉米、高粱高 30～50 倍。青苜蓿含钙量也比玉米高 8～13 倍。青饲料中的矿物质也容易被驴吸收。

（2）适口性好　容易消化，有宽肠利便的作用。

（3）来源广、产量高　凡有草山、草坡和荒地，都可放牧、刈割，且产草量高。

2. 青饲料的调制

青饲料除直接放牧或刈割、切碎直接喂驴外，还有一个很重要的利用途径就是调制优质青干草或制作青贮饲料。

二、粗饲料

粗饲料是干物质中粗纤维含量在 18% 以上的饲料，包括青草、作物秸秆等。

1. 粗饲料的特点

（1）粗纤维含量高、消化率较低　粗饲料的粗纤维含量一般为 25%～50%。青干草类粗纤维含量较少，为 25%～30%。粗饲料的有机物质消化率在 70% 以下。虽然这类饲料含粗纤维多、营养价值低，且不易消化，但对于食草家畜来说仍很重要。在冬季，它们还是唯一的家畜饲料。这是因为一方面它们的营养价值在热能方面还可以起到维持饲养的作用；另一方面，其较大的容积正好与草食动物的消化器官相适应，能保证消化器官正常蠕动。

（2）粗饲料中蛋白质含量差异较大　由于粗饲料的范围较广，其蛋白质含量随饲料品种、调制方法等不同而有很大的差异，如豆科干草含粗蛋白质为10%～19%，禾本科干草含粗蛋白质为6%～10%，而禾本科的秸秆和秕壳中粗蛋白质含量为3%～5%。蛋白质的消化率也是青干草高于秸秆和秕壳，如苜蓿干草的消化率为71%，禾本科干草的消化率为50%，秸秆类的消化率为15%～20%。

（3）粗饲料中钙、磷含量　一般含钙量较多，豆科干草和秸秆含钙量为1.5%左右，禾本科干草和秸秆含钙量仅为0.2%～0.4%。各种粗饲料中磷的含量都很低。一般为0.1%～0.3%，其中秸秆类含磷量均在0.1%以下。

（4）粗饲料中维生素含量　除优质青干草特别是豆科干草含较多的胡萝卜素和维生素D外，各种秸秆和秕壳几乎不含胡萝卜素和B族维生素。

2. 几种主要粗饲料的加工调制

（1）青干草　青干草在驴的日粮中占有十分重要的地位。养驴离不了青干草。青干草的营养价值不如青贮饲料高，但比秸秆类饲料富含营养物质，而且比青贮饲料和精饲料的成本低。在生产实践中，青干草用量超过其他粗饲料。青干草的品质主要取决于牧草的种类、刈割时间及干燥方法，其中干燥的方法不同，牧草营养成分有很大的差异。禾本科青草应在抽穗期刈割，豆科青草应在初花期刈割。刈割后的青草可采用自然干燥法或人工干燥法干燥。

①自然干燥法：该法分为两个阶段。第一阶段，将收割的青草收割平铺成薄层，经太阳暴晒使其含水量迅速下降到38%左右；第二阶段，尽量减少暴晒的面积和时间，将第一阶段的青草堆成小塔，直径1.5m左右，每堆大约50kg为宜，当含水量降为14%～17%时，再堆成大垛。该方法适合我国北方夏、秋季少雨的地区。而在南方地区或夏、秋季雨水较多时，宜用搁架晒草。草架的搭建可因地制宜。晒制时，将牧草蓬松地堆成圆锥形或屋脊形，厚70～80cm，离地20～30cm，保持四周通风良好，草架上端应有防雨设施。风干1～3周即可。

②人工干燥法：人工干燥法是利用加热、通风的方法调制干草。干燥时间短，养分损失小，可调制出优质的青干草。有常温、低温和高温干燥法。常温通风干燥法是在草库内利用一般风机或加热风机的高速风力来干燥牧草；低温

法可采用 45～50℃ 的温度在小室内停留数小时使青草干燥；高温法是采用 500～1 000℃ 的热空气脱水 6～10s。另外还有一种简单易行的人工干燥法，即施用化学制剂。一般施用的化学制剂也称干燥剂，有甲酸和硅酸等。

调制好的优质干草应该色泽青绿、气味芳香、植株完整且含叶量高、泥沙少、无杂质、无霉烂和变质，水分含量在 15% 以下。优质青干草可切短后与精饲料混合饲喂，也可用来生产颗粒饲料。

（2）秸秆类 秸秆是指农作物籽实收获后的茎秆枯叶部分，主要分为豆科和禾本科两大类。前者包括大豆秸、蚕豆秸、豌豆秸等；后者包括玉米秸、稻草、小麦秸、大麦秸、高粱秸、粟秸及燕麦秸等。这两类秸秆中粗纤维含量极高，干物质中粗纤维占 31%～45%。所以秸秆中的有机物质的消化率很低，在牛、羊中很少超过 50%，在驴中则更低。

各种秸秆的蛋白质含量一般都很低。豆科秸秆较禾本科秸秆稍高，含量为 8.9%～9.6%，而禾本科只有 4.2%～6.3%，可消化蛋白质则更少。秸秆中矿物质含量都很高，但其中大多数以硅酸盐形式存在，而对驴有营养价值的钙和磷含量却很低。从饲喂性质看，禾本科秸秆的适口性好，尤其是稻草和谷草比较松脆，茎髓比较厚实。豆科秸秆中蚕豆秸、豌豆秸是比较好的喂驴饲料，二者质地柔软，保持绿色，适口性好。而大豆秸、黑豆秸比较粗硬，含叶子少，一般不用作喂驴饲料。

秸秆饲料的调制方法主要有物理方法、化学方法和生物酶法。

物理方法：把秸秆切短、撕裂或粉碎、浸湿或蒸煮软化等，都是人们普遍熟知的处理作物秸秆用以养畜的办法。目前秸秆处理方法有：①用铡草机将秸秆切短（2～3cm）直接喂驴，此法吃净率低、浪费大。②将秸秆用食盐水浸湿软化，提高适口性，增加采食量。③将秸秆或优质干草粉碎后制成大小适中、质地硬脆、适口性好、浪费减少的颗粒饲料。④使用揉搓机将秸秆搓成丝条状直接喂驴，此方法吃净率将会大幅提高，如果再将丝条状秸秆进行氨化，吃净率将进一步提高。

化学方法：物理方法处理粗饲料一般只能改变粗饲料的物理性状，而对于饲料的营养价值的提高作用不大。化学处理则有一定的作用，化学方法是目前国内外在秸秆利用方面关注的重点，主要有碱化法及氨化法：①碱化法，利用强碱氢氧化钠处理秸秆，破坏植物细胞壁及纤维结构。该法可大幅度提高秸秆的消化率。但处理成本高，对环境污染严重。②氨化法，利用液氨、尿素、碳氨和氨水等，在密闭的条件下对秸秆进行氨化处理。能明显提高秸秆的消化率和粗蛋白质水平，改善适口性，对环境也无污染。相比之下，尿素氨化不仅效果好，操作简单、安全，也不需任何特殊设备。尿素用量占秸秆重量的3％，即将3kg尿素溶解在60kg水中均匀地喷洒到100kg的秸秆上，逐层堆放，密封。

生物酶法：通过筛选纤维素分解酶活性强的菌株进行发酵培养，分离出纤维素酶或将发酵产物连同培养基制成含酶添加剂，用来处理秸秆或加入日粮中饲喂，能有效地提高秸秆利用率。生物酶处理秸秆是秸秆处理的最佳方式。我国目前在这一方面的研究虽然已经取得了很大进展，但还有许多问题尚待解决。

三、青贮饲料

1. 青贮饲料的特点　青贮是利用微生物的发酵作用，长期保存青绿多汁饲料的营养特性，扩大饲料来源的一种简单、可靠而经济的方法。由此法制得的饲料具有气味酸香、柔软多汁、适口性好、营养全面、保存时间长等特点。在驴的实际生产过程中可以将青贮饲料和干草一起进行饲喂，一般青贮饲料占30％～40％。

2. 青贮方法　调制青贮饲料的方法有鲜料青贮、半干青贮，容器有青贮塔、青贮池、青贮窖，也可采用袋装青贮，使用时可因地制宜加以选择。

3. 青贮时对原料的要求

（1）适量的碳水化合物　青贮原料的含糖量不应少于1.5％。满足这一条件的青玉米秆、青高粱秆、甘薯蔓等青绿多汁类秸秆资源作为青贮原料较好。而含蛋白质较多、碳水化合物较少的青绿豆秸等青贮时须添加5％～10％的能量饲料（如玉米粉），以保证青贮饲料的品质。

（2）适宜的水分　一般来讲，青贮原料含水量应在65％～75％，原料粗老时不宜青贮。若要青贮，需加水使水分含量提高至78％～82％。

（3）切短　青贮原料应切短至2～5cm。

（4）适时收割　为保证青贮饲料的品质及从单位面积上获得最大营养物质产量，一般要求收割宁早勿迟，并随收随贮。带果穗的全株玉米应在蜡熟期收割，如遇霜害，可在乳熟期收割；马铃薯茎叶在收薯前1～2d收割，甘薯藤在霜前或收薯前1～2d收割。

4. 青贮步骤　准备好青贮容器，然后将原料切短，装入容器内。当装填约 20cm 厚时，压实，再装填，再压实，重复该步骤直至超出容器顶部 0.5m 以上，最后封顶。青贮饲料一经开启，就要尽快用完，否则会造成饲料变质或霉烂。

四、能量饲料

能量饲料是指每千克饲料干物质中含消化能在 10.45MJ 以上、粗纤维低于 18%、蛋白质低于 20% 的饲料。

1. 能量饲料的营养特点

（1）淀粉含量高　干物质中淀粉含量占 70%～80%，只有燕麦例外（占 61%）。体积小、消化率高、适口性好。

（2）粗纤维含量低　粗纤维含量一般在 16% 以下，只有燕麦的粗纤维含量较高（达 17%）。

（3）粗蛋白质含量中等　一般含粗蛋白质 8%～13%，大部分谷物氨基酸组成不平衡，色氨酸和赖氨酸较少。

（4）脂肪含量少　一般含脂肪 2%～5%，以不饱和脂肪酸为主，不饱和脂肪酸易酸败，使用时应注意。

（5）矿物质与维生素含量不一　一般含钙低，在 0.1% 以下，而磷的含量较高，达 0.31%～0.45%，但这些磷以磷酸盐的形式存在，不易被驴吸收。其钙磷比极不符合驴营养需要。维生素 B_1 和维生素 E 含量丰富，而缺乏维生素 D。禾谷类籽实中的淀粉被提出作为人的食品后，相应提高了粗纤维、粗蛋白质、矿物质和脂肪的含量。其体积相应扩大，适口性略差。

2. 能量饲料的调制

（1）磨碎与压扁　禾谷类籽实饲料，经磨碎或压扁后投喂，有利于消化酶和微生物发挥作用，从而提高驴对这类饲料的消化率及驴的增重速度。

（2）湿润　对磨碎或粉碎的能量饲料，喂驴前应尽可能湿润一下，以防饲料中粉尘过多，影响驴的采食和消化，同时有利于预防因粉尘呛入气管而造成的呼吸道疾病。

（3）发芽　禾谷类籽实饲料大多缺乏维生素，但经发芽后可成为良好的维生素补充料。芽长在 0.5～1.0cm 时富含 B 族维生素和维生素 E；芽长在 6～8cm 时富含胡萝卜素，同时还含有维生素 B_2 和维生素 C 等。最常用于发芽的有大麦、青稞、燕麦和谷子等。

（4）制粒　将饲料粉碎后，根据驴的营养需要，按一定的饲料配合比例搭配，充分混合，压制成直径 4～5mm、长 10～15mm 的颗粒形状。颗粒饲料属全价配合饲料的一种，可以直接用来喂驴。

3. 喂驴常用的能量饲料

（1）玉米　玉米是粮食类中能量最高的饲料，适口性好，价格便宜，是驴的优质能量饲料。

（2）高粱　高粱所含能量及营养物质与玉米相近，营养价值稍低于玉米；因含有单宁而味涩，适口性不如玉米，且喂量多时易引起驴便秘。因此，用高粱饲喂必须搭配麦麸且应粉碎后饲喂。

（3）大麦　大麦是能量饲料中品质较好的一种，赖氨酸含量较高，达 0.52％以上。大麦质地疏松，粉碎后饲喂不易发生便秘。

（4）燕麦　燕麦的外形和特性与大麦相似。蛋白质品质好。燕麦质地疏松、容易消化、适口性强，粉碎或压扁后是驴的良好精饲料。

（5）谷子　谷子粗蛋白质含量与大麦相似，且含有丰富的维生素 B 及胡萝卜素。用粉碎谷子补饲产后母驴和种公驴，对泌乳和提高种驴配种能力有良好作用。

（6）麦麸和米糠　麦麸和米糠均含较多赖氨酸，二者的蛋白质品质较好。麦麸质地疏松，适口性好，因含有镁盐而有轻泻作用，是驴不可缺少的饲料。但麦麸及米糠的钙、磷比例极不符合驴的需要，饲喂时应注意补充钙质。

五、蛋白质饲料

凡饲料干物质中粗纤维含量低于 18％，粗蛋白质含量在 20％以上的饲料，均属蛋白质饲料。适合驴的蛋白质饲料主要是豆料籽实及其榨油后的副产品，即各种油饼，如大豆、黑豆、豌豆、蚕豆、豆饼、花生饼、棉籽饼、菜籽饼、亚麻仁饼等。

1. 蛋白质饲料的特点　豆料籽实中可消化粗蛋白质含量为禾本科籽实的 1～3 倍，必需氨基酸含量高且种类全，蛋白质品质好，其总营养价值与禾本科籽实相近。饼渣类饲料中可消化蛋白质的含量更高，达 30％～40％。氨基酸的组成较全面，特别是禾本科籽实中缺少的必需氨基酸含量丰富。

豆科籽实中脂肪含量不高，无氮浸出物与粗纤维含量低于禾本科籽实；饼渣类饲料中脂肪含量随加工方法的不同而有很大差异，其无氮浸出物含量少。

豆科籽实及饼粕类含抗营养因子，使用时应注意。

2. 蛋白质饲料的加工调制

（1）焙炒或烘烤　焙炒或烘烤（110℃，3min）可以破坏豆科籽实中的抗胰蛋白酶，提高适口性及蛋白质的消化率和利用率。

（2）破碎与压扁　豆科籽实经压扁或破碎后易与禾本科籽实及粗饲料混匀，可提高驴对粗饲料的采食量。

（3）浸泡　豆类、饼粕类浸泡后膨胀柔软，容易咀嚼，便于消化。在实际使用时也可将几种调制方法结合起来，以更好地利用蛋白质饲料。

3. 饼粕类饲料的脱毒　饼粕类饲料中常含有抗营养因子，用时应进行适当处理。常用的脱毒方法有下面几种：①土法榨棉籽饼加3倍水煮沸1h即可喂驴，成年驴每天每头可喂0.5～1.0kg。②棉籽饼在80～85℃下加热6～8h，或发酵5～7d；或100kg棉籽饼加硫酸亚铁1kg，均可达到脱毒的目的。③采用坑埋法消除菜籽饼毒性，坑宽0.8m，深0.7～1.0m，饼渣∶水＝1∶1，坑埋60d，脱毒率达84%以上。④将亚麻仁饼在开水中煮10min，可破坏亚麻仁饼中亚麻酶，防止驴采食亚麻仁饼面而中毒。

六、矿物质饲料

1. 食盐　驴为草食家畜，其摄入的钠远不能满足需要，相反摄入的钾相当多。补充食盐，既可满足钠和钾的需要，又可满足机体对矿物质平衡的要求，还可增强饲料的适口性，刺激食欲，提高饲料的利用率。在缺碘地区，以碘盐形式补给。驴的盐喂量，可占精饲料的1%，或每头每天喂10～30g，根据体型大小和体重适当调整用量。

2. 含钙、磷的矿物质　钙和磷缺少任何一种都对驴机体健康不利；比例不适，也会影响机体健康。常用喂驴的谷类籽实和糠类饲料，一般都是钙少磷多，致使日粮中钙、磷比例不符合生理要求，需要补充含钙的矿物质饲料如石粉或贝壳粉，使钙磷比达到1∶1或2∶1的要求。

七、维生素饲料

常用的维生素有维生素A、维生素D、维生素E、维生素K、维生素B_1、维生家B_2、维生素B_6、维生素B_{12}、氯化胆碱、烟酸、泛酸钙、叶酸、生物素等。由于驴可从青饲料和粗饲料中摄取多种维生素，又经常接受日光照射，故一般不会缺乏维生素。

八、日粮配合的原则

日粮配合必须遵循一定的原则，才能既满足驴的营养需要，充分发挥其生产性能，又能节约日粮，提高养驴经济效益。

第一，必须以饲养标准为基础，灵活应用，结合当地实际情况，适当增减。

第二，饲料组成要符合驴的消化生理特点，合理搭配。驴属草食动物，应以粗饲料为主，搭配少量精饲料，使其达到既能满足营养要求又能吃饱的目的。对于种公驴要适当限制饲草数量，增加蛋白质饲料和能量饲料，以满足其特殊的营养需要。

第三，日粮组成要多样化，发挥营养物质的互补作用，使营养更加全面，适口性更好。

第四，就地选择廉价易得的自产秸秆和农副产品，降低成本。不同地区、不同季节可采用不同的日粮配方。

九、配制日粮的方法与步骤

（1）根据驴的性别、年龄、体重和生产性能查阅饲养标准，找出每天所需的各种营养物质需要量。

（2）根据饲养标准中的干物质需要量确定相应的粗饲料数量，并计算出该数量粗饲料满足营养需要量的情况。

（3）用精饲料来满足尚不足的营养成分。若矿物质如钙、磷等不足，可通过添加矿物质饲料或某物质元素盐类来调整。食盐可单独添加，也可在饲养过程中补饲。也可以依现有各种实际草料喂量为基础，分别计算其消化能和可消化蛋白质、钙、磷、胡萝卜素的总量，对照标准，适当增减。

（4）草料搭配和日粮组成是否合适，应在实际饲养实践中检验。根据检验结果，随时调整。

第九章
驴饲养管理技术

第一节　驴饲养管理的原则和方法

驴的生长发育、健康状况以及繁殖、役用、肉用性能的发挥，取决于饲养管理条件。在驴的饲养管理工作中，关键在饲养。大部分地区养驴存在草料单一、有啥喂啥、营养水平低、甚至不喂食盐等问题，从而影响驴的生长发育和生产性能的发挥。为了实现肉驴的高效饲养，必须做到科学饲养与管理。

一、按照营养需要配合日粮

驴的饲养标准是合理养驴的重要依据。按饲养标准饲养，可以使驴发挥较高的生产性能，减少饲料消耗。根据饲养标准，可以计算每年饲料的需要量，组织饲料生产和储备。但是，由于饲养标准是在一定的试验和生产条件下制定的，又针对某一特定体重和生产量拟定的数据指标，它不可能适应一切地区的所有驴。因此，饲养标准只有一定的参考价值。饲养者应因地制宜，灵活应用，不能生搬硬套，必须与饲养效果相结合，根据效果适当调整日粮。

二、给饲方法

根据驴的生理和消化特点，饲喂时应给予适当的饲料和足够的咀嚼、消化时间。严禁使驴暴饮暴食，应按照分槽定位、定时定量、少喂勤添等原则进行。

1. 分槽定位　应按照驴的性别、年龄、个体大小、采食快慢以及性情或性能不同，分槽定位，以防争食。

2. 定时定量，细心喂养　按季节不同，确定饲喂次数。每次饲喂的时间、数量都应固定，防止忽早忽晚，忽多忽少，使驴建立起正常的条件反射。另外驴每天的饲喂时间不应少于 10h。

3. 少喂勤添，草短干净　喂驴的草要铡得短，喂前要筛去尘土，挑出长草，拣出杂物。一顿草料要分多次投喂，即少喂勤添。这有兴奋消化活动、促进消化液分泌和增强食欲的作用。

4. 先草后料，先干后湿　一般采用草拌料，并按照先粗后精、分批投给、逐渐减少草量和增加精饲料的顺序投喂，这样饲喂既可防止驴开始因饥饿而暴食，又可引诱其多吃草，达到充分利用粗饲料的目的。

5. 饲养管理程序和草料种类不能骤变　如需改变，要逐渐进行，需要至少一周左右的过渡期，防止驴短期内不习惯而导致消化机能紊乱。

三、饮水方法

驴的饮水应做到适时、慢饮、饮好。饮水应因时因地制宜。在天热或劳役后要避免立即暴饮。如果大量冷水进入体内，极易引起驴肠痉挛或感冒。每次吃干草后也可饮些水，但饲喂中间或吃饱之后，不宜立即大量饮水。因为这样水会冲乱驴胃内分层消化饲料的状态，影响对饲料的消化。饲喂中可通过拌草补充水分。待吃饱后过一段时间再使其饮足水。驴的饮水要清洁、新鲜，冬季水温要保持在 8～12℃。

四、日常管理工作

舍饲驴一生的大半时间是在圈舍内度过的。圈舍的通风、保暖及卫生状况，对其生长发育和健康影响很大，因此要做好圈舍及日常管理工作。

1. 圈舍管理　圈舍应建在背风向阳处。内部应宽敞、明亮，通风干燥，保持冬暖夏凉，槽高圈平。要做到勤打扫、勤垫圈，每天至少在上午清圈 1次，扫除粪便，垫上干土。保持圈舍内部清洁和干燥。所有用具放置整齐。圈内空气新鲜、无异味。每次喂完后必须清扫饲槽，除去残留饲料，防止发酵变酸产生不良气味，有碍驴的食欲。冬季圈舍温度不能低于 8℃，夏季可将驴牵至户外凉棚下休息、饲喂，但不能拴在屋檐下和风口处，以防驴患病。

2. 皮肤护理　刷拭能保持驴皮肤清洁，促进血液循环，增进皮肤机能，有利于消除疲劳，且能及时发现外伤并对其进行治疗，有利于人驴亲和，防止驴养成怪癖。用刷子从驴的头部开始，到躯干、四肢，刷遍驴体，对四肢和污染粪便的部位可反复多刷几次，直到刷净为止。

3. 护蹄挂掌　驴蹄健全与否，直接影响其役用质量。平时注意护蹄是保持驴蹄正常机能的主要措施。长期不修蹄或护蹄不良易形成变形蹄或病蹄，影响驴体健康。应从以下 4 个方面重视护蹄工作：

①平时护蹄：圈舍地面应平坦且干湿适度。过于潮湿和过于干燥都对驴蹄不利。要保持蹄部清洁。注意清理腕底、筛叉，同时应检查蹄部有无偏磨和损伤。

②削蹄：驴蹄外壳不断生长，每月约长出 1cm，必须适时削去过长的角质，否则既易使蹄变形，又易引起局部断裂，导致蹄病和跛行。按照蹄角质正常的生长和磨损，一般 1.5～2 个月削蹄 1 次，或结合装蹄铁进行修削。

③装蹄铁：对一些重役驴，蹄壳磨损大于生长。为了防止蹄形不正或过多磨损，应对其进行装蹄铁（即挂掌）。装蹄铁的原则是：蹄铁的大小与蹄的大小相适应，不能削足适铁。对不正蹄形，要提倡用特种蹄进行矫正。驴从 1.5 岁开始干活时，即可挂掌，首次挂掌对以后蹄子的发育影响很大。挂掌时，一定要削平，蹄铁要薄，蹄钉要细，蹄铁钉好后要四面见掌。蹄尾要宽，以保护蹄踵（蹄后面）和防止蹄踵狭窄。

④种公驴在配种季节可不挂掌，或挂掌时不要突出蹄铁尾，以免配种时伤害人和母驴。

4. 定期健康检查　每年应对驴至少进行 2 次健康检查和驱虫，及时发现疾病、及时治疗。

第二节　种公驴的饲养管理

为保证种公驴具有旺盛的性机能和良好的精液品质，必须遵循种公驴的配种特点及生理要求，在不同的时期，给予不同的饲养管理，以使其保持种用体况，不过肥或过瘦。一般分为下面 4 个时期：

一、准备期

饲养对精液品质的影响需经过 12～15d 才能见效。因此，配种开始前 1～

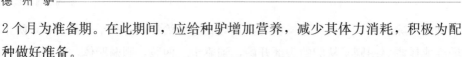

2个月为准备期。在此期间，应给种驴增加营养，减少其体力消耗，积极为配种做好准备。

1. 饲养　逐渐增加精饲料喂量，减少粗饲料的比例。精饲料应偏重于蛋白质和维生素，即酌情增加豆饼、胡萝卜和大麦芽等。配种前3周完全转入配种期饲养。

2. 管理　准备期应根据历年配种成绩、膘情及精液品质等评定其配种能力，并对其精液品质做进一步的检查，以安排本年度配种计划。对每头种公驴都应进行详细的精液品质检查。每次检查应进行连续3个重复，每次间隔24h。如发现精液品质不合格，应查清原因，在积极改进饲养管理的基础上，过12～15d再检查1次，直到合格为止。准备期应相应地减少种公驴的运动或使役强度，以储备体力。精液品质不良的表现及应采取的措施见表9-1。

表9-1　精液品质不良的表现及应采取的措施

精液品质不良情况	采取措施
精液量少	加多汁饲料（如青草、胡萝卜、大麦等）
精子活力差	适当运动，增加动物性饲料（如骨粉、鸡蛋等）
精子畸形率高	增加维生素饲料，如胡萝卜、短芽大麦等；冷敷睾丸
精液中发现脓、血及异物等	应立即停止交配并诊断、治疗

二、配种期

此期种公驴一直处于性活动紧张状态，必须保持饲养管理的稳定性，不可随意改变日粮和运动。应保持其种用体况。

1. 饲养　此阶段驴的粗饲料最好是用优质的禾本科和豆科（占1/3～1/2）混合干草。最好用青苜蓿或其他青绿多汁饲料如野草、野菜、嫩树叶及人工栽培牧草喂驴，以补给生物学价值高的蛋白质、维生素和矿物质，有利于精子的形成和提高精子活力。无青草时可投喂胡萝卜和大麦芽，既能补充维生素，又有调理胃肠道的作用。

精饲料可以燕麦、大麦、麸皮为主，玉米、小米和高粱为辅，配合豆饼或豆类，如黑豆、大豆、豌豆等混合饲喂。其中，小米不仅适口性强，而且对提高性欲和精液品质有良好效果。

在配种期，食盐、石粉等矿物质饲料是必不可少的。另外，对于配种任务重的种公驴还应投喂给驴奶、鸡蛋或肉骨粉等动物性饲料，以提高精液品质。配种期公驴的饲料应尽力做到多样化，约隔 20d 就要调整日粮中精饲料组成的一部分，以增进其食欲。

一般大型公驴在配种期每天应采食优质混合干草 3.5～4.0kg，精饲料 2.3～3.5kg，其中豆类不少于 30%，缺乏青草时，每天应补给胡萝卜 1kg 或大麦芽 0.5kg。

2. 管理　在配种、运动和饲喂以外的时间，尽量让种公驴在圈舍外自由活动，接受日光浴。夏天中午为防日晒，可将种公驴牵入圈内休息。注意驴生殖器官的情况，以免引起炎症。用冷水擦拭睾丸，对促进精子的产生和增强精子的活力有良好的作用。

运动是增强种公驴体质、提高代谢水平和精液品质的重要因素。配种期应保持种公驴运动的平衡，不能忽轻忽重。运动方式、使役或骑乘锻炼均可。运动应每天不少于 1.5h。但配种或采精前后 1h 应避免强烈运动。

采精做到定时。每天以 1 次为限，如 1d 采精 2 次，2 次间隔应不少于 8h。连续采精 5～6d，应休息 1d。喂饮后半小时之内不宜配种。配种次数应根据精液品质的变化而定。

生产实践证明，日粮、运动和采精三者应密切配合，相互制约。加强营养而运动不足，会使种公驴过肥，并导致食欲下降，性欲不强；运动过度，体力消耗过多，也会降低配种能力和精液品质；交配强度过大，必使精液品质下降，体力衰竭。应随时协调三者的关系，使种公驴不过肥也不过瘦，保持良好的种用体况和配种能力。

三、恢复期

配种结束后的一段时间，该阶段主要是恢复种公驴的体力，一般需 1～2 个月。

1. 饲养　在增加青饲料的情况下，精饲料量可减至配种期的一半，少给蛋白质丰富的饲料如豆饼等，多给清淡、易消化的饲料，如大麦、麸皮和青草等。

2. 管理　应减轻运动量和强度，保持圈舍清洁、通风、干燥，使种公驴保持安静。

四、锻炼期

锻炼期一般为秋末、冬初，此时天高气爽，应加强运动，使种公驴的肌肉坚实、体力充沛、精神旺盛，为来年配种打好基础。

第三节　繁殖母驴的饲养管理

一、空怀母驴的饲养管理

自然环境及各种生活条件都能影响母驴的繁殖力，其中尤以营养不足和使役过重影响最大。母驴长期采食劣质干草，缺乏多汁饲料，缺乏阳光，导致营养物质（矿物质及维生素）摄入不足；或采食大量精饲料、运动不足，造成过肥；或使役过重等，上述情况均可引起生殖机能紊乱，出现不发情或发情不正常现象，成为母驴空怀的一个主要原因。所以，为了促进母驴正常发情，应在当年配种开始前1～2个月提高饲养水平，喂给足量的蛋白质、矿物质和维生素饲料；对过肥的母驴，应减少精饲料，增喂优质干草和多汁饲料，使其加强运动。总之，要使空怀母驴保持中等膘情。

二、妊娠母驴的饲养管理

母驴怀孕后，要做到全产、全活、全壮，就必须加强怀孕母驴的饲养管理。母驴妊娠后第1个月，胚胎尚小，在子宫内处于游离状态，遇到不良刺激，很容易夭折而被吸收，此期应停止使役。母驴怀孕6个月以内，胎儿体重不大，增重较慢，其饲料量与空怀母驴基本一致。从7个月后，胎儿增重明显加快，其增重的80%是在最后3个月完成的。所以从怀孕第7个月开始，应加强营养，增加蛋白质饲料及优质饲草，补充青绿多汁饲料，减少玉米等能量饲料，以保证胎儿发育和母驴增重的需要，并可防止产前不吃病的发生。产前不吃病是由于妊娠后期缺乏青绿饲料、饲草品质差、精饲料太少、饲料种类单一，加上不运动而致使肝脏机能失调，有毒代谢产物排泄不出造成的一种全身中毒症，其死亡率较高。

整个妊娠期间，要十分重视保胎防流产工作。役用驴早期流产是由于农活繁重，现阶段规模化、集约化养殖中驴早期流产则主要是由于饲养管理不当。另外，驴吃发霉草料也易引起流产。所以任何时期都应防止上述不利因素。产前 1 个月更要加强保护和观察。

三、分娩前后母驴的饲养管理

母驴在分娩前 2~3 周粗饲料要减少，精饲料应给予适口性好、易消化的麸皮、燕麦、大麦等。在产前几天，草料总量应减少 1/3，多饮温水。

母驴分娩后，多不舔新生驹身上的黏液。接产人员在扯断脐带、用碘伏消毒后，应擦干幼驹身上的黏液，并辅助其尽快吃上初乳。如系骡驹，为防止发生溶血病，在未做血清检验时应暂停吃初乳，并将初乳挤出，给幼驹补以糖水和奶粉，1d 后乳汁正常时方可让幼驹吃奶。

母驴产后身体虚弱，因体内水分大量流失而产生口渴现象，此时应喂给用温水加少量盐调成麸皮粥或小米汤，以补充水分，缓解疲劳，促进泌乳。母驴产后 1 周内因消化能力未恢复，最初几天不能给予大量的精饲料，否则会引起腹泻。其基本饲料以优质干草为主，多喂些麸皮，豆类应粉碎或浸泡后投喂，待 1 周后母驴体力逐渐恢复时，再逐渐增加到正常水平。

管理上应保持产房安静，圈舍应干燥湿暖，阳光充足。产后 3~5d，天气良好时，应将母驴及幼驹放到外面避风处自由活动。开始每天几个小时，逐渐增加其舍外活动时间。

第四节 产奶母驴的饲养管理

一、饲养员要求

至少有三年驴饲养经验，熟悉驴生活习性，熟知饲养哺乳母驴的技术细节。

二、合理日粮，加强营养

（1）哺乳期饲料中应有充足的蛋白质、维生素和矿物质。混合精料中豆饼应当占 30%~40%，麸类占 15%~20%，其他为谷物性饲料。

（2）为了提高母乳泌乳量，应当多补饲青绿多汁饲料如胡萝卜、饲用甜菜、土豆或青贮饲料等。有放牧条件的应尽量利用，这样不但能节省大量精饲料，而且对泌乳量的提高和幼驹的生长发育有很大的作用。

（3）应根据母驴的营养状况、泌乳量的多少酌情增加精饲料量。哺乳母驴的需水量很大，每天饮水不应少于 5 次，要饮好饮足。

三、勤观察驴群，加强护理

（1）产驹期人员应勤观察驴群，及时发现并对难产的驴进行助产；对弃驹的母驴要严格看管。必要时将其关进小圈单独饲养。接产人员在扯断脐带、用碘伏消毒后，应擦干幼驹身上的黏液，并辅助其尽快吃上初乳。

（2）要预防母驴发生乳腺炎和驴驹脐炎等疾病，做到及时发现、及时处理。在保证驴驹健康的同时，要避免密度过大造成拥挤踩踏。

（3）对于吃不上初乳的驴驹，应予以辅助，同时防止乱吃、混吃的现象，以防止个别驴驹吃不到或吃不饱；对弱驹及时进行人工哺乳，提高驴驹的成活率。

（4）初生至 2 月龄的幼驹，每隔 30～60min 即喂乳 1 次，每次 1～2min，以后可适当减少其吮乳次数。

（5）要注意让母驴尽快恢复体力。产后 10d 左右，应当注意观察母驴的发情，建议及时进行发情鉴定。

（6）母驴使役开始后，应先干些轻活、零活，以后逐渐恢复到正常劳役量。在使役中要让其多休息，一方面可防止母驴过度劳累，另一方面还可照顾幼驹吃乳。一般约 2h 休息一次，否则不仅会影响幼驹发育，而且会降低母驴的泌乳能力。

四、保持环境安静卫生

哺乳初期应保持环境的安静，以免造成惊群，使驴驹在混乱中被踩伤。产驹泌乳期一般多为夏季，雨水较多，容易发生驴驹的胃肠疾病，保持驴舍的干净卫生非常重要，并要定时进行消毒，防止疾病的发生。

五、饲料要求

产后 1 周内因消化能力未恢复，最初几天不能给予大量精饲料，否则会引起腹泻。其基本饲料以优质干草为主，多喂些麸皮，豆类应粉碎或浸泡喂给，待 1 周后母驴体力逐渐恢复时，再逐渐增加到正常水平。

六、饲养程序

（1）母驴产后身体虚弱，因体内水分大量流失而产生口渴，此时应喂给用温水加少量盐调成的麸皮粥或小米汤,以补充水分,恢复体力,促进泌乳。

(2)接产人员在扯断脐带、用碘伏消毒后,应擦干幼驹身上的黏液,并辅助其尽快吃上初乳。

(3)产后3~5d,天气良好时,应将母驴及幼驹放到外面避风处自由活动。开始每天2h,逐渐增加舍外活动时间。

(4)产后10d左右,应注意观察母驴的发情状况,以便及时配种。

(5)在哺乳期内,增加饲料中蛋白质、维生素和矿物质的饲喂量,混合精饲料中豆饼应占30%~40%,麸类占15%~20%,其他为谷物性饲料。

(6)增加饲料中青绿多汁饲料如胡萝卜、饲用甜菜、土豆或青贮饲料等的含量。

(7)哺乳母驴每天饮水不应少于5次,要饮好饮足,但饲喂中间或吃饱之后,不宜立即大量饮水。建议自由饮水,提供足量清洁的温水。

(8)每天打扫圈舍2次,确保圈舍干净整洁。

(9)在母驴分娩6个月后及时断奶。

七、乳样采集

待母驴哺喂驴驹后,将母驴与小驴隔离开3h后,手工挤乳或机器榨乳。

第五节 驴驹培育技术要点

接产及难产处理

1. 产前准备工作

(1)产前准备 产房要向阳、宽敞、明亮,房内要干燥,既要通风,又能保温和防风侵袭。产前应进行消毒,准备好新鲜垫草。

(2)接产器械和消毒药物的准备 事先应备好剪刀、毛巾、脱脂棉、5%碘伏、75%酒精、垫头、棉垫、结扎绳等。

2. 母驴产前表现 母驴产前1个多月时乳房迅速发育膨大,分娩前,乳头由基部开始胀大,并向乳头尖端发展。临产前,乳头成为长而粗的圆锥状,充满液体,越临近分娩,液体越多,胀得越大。乳汁先是清亮的,后来变为白色。此外,母驴分娩前几天或十几天,外阴部潮红、肿大、松软,并流出少量稀薄黏液。尾根两侧肌肉出现松弛塌陷现象,分娩前数小时,母驴开始不安,

来回走动，转圈，呼吸加快，气喘，回头看腹部，时起时卧，出汗和前蹄刨地，食欲减退或不食。此时应专人守候，随时做好接产准备。

3. 正常分娩的助产　分娩是母驴的正常生理过程，一般情况下不需干预，助产人员的主要任务在于监视分娩情况和护理幼驹。

4. 新生驹的护理工作　幼驹出生以后由母体进入外界环境，生活条件骤然发生改变，由通过胎盘进行气体交换转变为自由呼吸，由原来通过胎盘获得营养和排泄废物变为自行摄食、消化及排泄。此外，胎儿在母体子宫内时，环境温度相当稳定，不受外界有害条件的影响。而新生幼驹各部分生理机能还不很完善，为了使其逐渐适应外界环境，必须做好护理。

（1）防止窒息　胎儿产出后，应立即擦掉其嘴唇和鼻孔上的黏液和污物。如黏液较多可将胎儿两后腿提起，使头向下，轻拍胸壁，然后用纱布擦净其口、鼻中的黏液。也可用胶管插入鼻孔或气管，用注射器吸取黏液，以防窒息。

发生窒息时，可进行人工呼吸。即有节律地按压新生驹腹部，使胸腔容积交替扩张和缩小。紧急情况时，可注射尼可刹米，或用 0.1% 肾上腺素 1mL 直接向心脏内注射。

（2）断脐　新生驹的断脐主要有徒手断脐和结扎断脐两种方法。因徒手断脐干涸快，不易感染，现多采用。其方法是：在靠近胎儿腹部3～4指处，用手握住脐带，另一只手捏住脐带向胎儿方向捋几下，使脐带里的血液流入新生驹体内。待脐动脉搏动停止后，在距离腹壁3指处，用手指掐断脐带。再用碘伏、氯己定或抗生素充分消毒残留于腹壁的脐带余端。过7～8h，再用5%碘伏消毒1～2次即可。只有当脐带流血难止时，才用消毒绳结扎。其方法是：在距胎儿腹壁3～5cm处，用消毒棉线结扎脐带后，再剪断消毒。该方法由于脐带断端被结扎，干涸慢，若消毒不严，容易被感染发炎，故应尽可能采用徒手断脐法。

（3）保温　冬季及早春应特别注意新生驹的保温。因其体温调节中枢尚未发育完全，同时皮肤的调温机能也很差，而且外界环境温度又比母体低，出生后，新生驴驹极易受凉，甚至发生冻伤，因此应注意保温。

（4）哺乳　母驴生产后头一周排出的乳汁称为初乳，初乳中含有大量抗体，可以增强机体的抵抗力；初乳中镁盐也较多，可以软化和促进胎便排出；初乳营养价值完善，含大量可以直接吸收的营养物质如蛋白质及大量可预防下痢的维生素 A。幼驹生后吃初乳的时间越早越好。若幼驹体弱找不到乳头时，应予适当协助。产后母驴无奶或死亡时，可找产期相临近的母驴代为哺乳。若母驴拒绝哺乳，可将其乳汁或尿液涂抹在幼驹体表或对幼驹进行人工哺喂。人工哺喂时，除了定时、定量外，奶温应保持在 36～38℃，一般不能低于 35℃，以防因温度不正常引起下痢。用驴奶或奶粉时，喂前最好去掉过多的乳脂，加入适量的葡萄糖或白糖及鱼肝油和少许食盐，并适当稀释。

5. 难产的处理　在分娩过程中胎儿不能顺利地娩出时，称为难产。驴怀驴不易难产，而怀骡时由于种种原因，发生难产的概率较高，若不及时助产或助产不当，不仅可引起母驴生殖器官疾病，往往会使母子双亡，造成重大损失。因此对于难产应及早正确地进行助产。

（1）难产发生的原因　分娩的正常过程受产力、产道和胎儿三个因素影响。其中一个或几个因素的异常，都可引起难产。

①产力：孕驴在妊娠期间尤其是妊娠后期由于营养不足，饲养管理条件不良，分娩时往往体质衰弱，产力减弱或不足，努责无力而造成难产。

②产道因素：驴个体较小，其骨盆的骨骼结构特殊，即耻骨窄而髋骨斜，造成胎儿尤其是怀骡时的胎儿不易从产道中通过而造成难产。

③胎儿因素：胎儿过大，胎位（胎儿背部与母体背部和腹部的关系）的下位或侧位、胎势（胎儿各部分间的关系）的胎头弯曲、关节屈曲等以及胎向（胎儿身体纵轴与母体纵轴的关系）的横向或竖向等都可使胎儿难以通过产道。胎儿性难产在驴怀骡发生的难产中占 90%。

上述难产因素并不一定是单独发生的，有时某一种难产可能伴有其他异常，如头颈侧弯时前腿可能同时发生肩部前置或腕部前置等。因此，助产时一定要采用正确方法，以保护胎儿健康和提高繁殖成活率。

（2）常见难产的表现及助产方法

①胎头过大：产道灌注润滑剂后，用手拉住两前肢，手伸入阴道，抓住胎儿下颌，将胎儿头扭转方向，试行拖出。当胎头过阴户时，用手护住外阴部，以防造成会阴撕裂。如无效，可行剖宫产或截胎术。

②头颈侧弯：胎儿两前肢一长一短伸出产道（胎头弯向较短肢的一侧），进入产道检查时，除能摸到两前肢外，手向前则能触摸到屈转的胎儿头颈。助产时，若胎儿体躯较小或胎头侧弯较轻，手可握住胎头的一部分，如前额、下颌骨体、眼眶或耳朵，进行拉正。侧弯严重时可先在胎儿的前肢系上绳子，将

胎儿送回产道，助产者将手臂伸入阴道，抓住胎儿眼眶，将胎头整复，然后拉出，无效时可行剖宫产手术或截胎术。

③胎头下垂：从阴门外看不见胎儿蹄子或仅见蹄尖，从产道可摸到前置的胎儿额部或颈部。额部前置时，只要将手伸向胎儿下颌的下面上抬，即可将胎头拉入骨盆而得到矫正；颈部前置时，需用产科器械辅助，顶住胎儿颈基部与前肢之间，一手抓住胎儿下颌或眼眶（也可用产科绳系住胎儿下颌）在推回胎儿的同时牵拉胎头即可矫正。

④腕关节屈曲：阴门处只见一前肢伸出（一侧腕关节屈曲），或一无所见（两侧腕关节屈曲）。从产道可摸到一前肢或两前肢腕关节屈曲及正常的胎头。助产时若系左侧腕关节屈曲，则用右手。右侧屈曲则用左手。先将胎儿送回产道，用手握住屈曲肢掌部，向上方高举，然后将手放于下方球关节部，暂将球关节屈曲，再用力将球关节向产道内伸直，即可整复，也可借助产科绳矫正。

⑤肩关节屈曲：阴门外见有一前蹄及胎儿的唇部（一侧肩关节屈曲）或不见前蹄（两侧肩关节屈曲），并随母驴阵缩可见鼻部展出，从产道可摸到屈曲的肩关节和正常胎头。助产方法是当胎儿入骨盆不深时，一手沿屈曲前肢前伸并握住肢膊部牵拉，使之成为腕关节屈曲后再按腕关节屈曲矫正；若胎儿楔入骨盆较深，于胎儿屈曲肢膊部系上产科绳并推送胎儿，在推送的同时牵拉产科绳，待变成腕关节屈曲后，再以腕关节屈曲矫正。

⑥后飞节屈曲：见有胎儿一后肢伸出阴门（一侧后飞节屈曲）或不见（两侧后飞节屈曲），从产道能摸到胎儿后躯和屈曲的飞节。助产时一手握住屈曲的后肢系部或球关节，尽力屈曲后肢的所有关节，同时推退胎儿，一般可整复。

⑦抱头难产：从阴门看不见胎儿前肢，从产道能摸见胎儿头部及头部上方的蹄尖。助产时用产科绳拴住胎儿先位肢的系部，一面向斜下方牵引，一面用力推退胎儿肩胛关节，即可复位。

无论发生何种难产，矫正或截胎困难时，应立即进行剖宫产手术取出胎儿。

6. 难产的预防　难产极易引起幼驹死亡，且可因手术助产不当，使子宫或软产道受到损伤或感染，影响母驴以后的受孕。预防难产的管理措施有：

（1）勿过早配种　若进入初情期便开始配种，由于母驴尚未发育成熟，造成分娩时容易发生骨盆狭窄等。因此，应防止未达体成熟的母驴过早配种。

（2）供给妊娠母驴全价饲料　母驴妊娠期所摄取的营养物质，除维持自身代谢需要外，还要供应胎儿的发育。故应供给妊娠母驴全价饲料，以保证胎儿发育和母体健康，减少分娩时难产现象的发生。

（3）适当使役　适当的运动不但可提高母驴对营养物质的利用，同时也可使全身及子宫肌肉的紧张性提高。分娩时有利于胎儿的转位以减少难产的发生，还可防止胎衣不下及子宫复原不全等疾病。

（4）前期诊断是否难产　尿囊膜破裂、尿水排出之后这一时期正是胎儿的前置部分进入骨盆腔的时间。此时触摸胎儿，如果前置部分正常，可自然出生；如果发现胎儿有反常，就立即进行矫正。此时由于胎儿的躯体尚未楔入骨盆腔，难产的程度不大，胎水尚未流尽，矫正比较容易，可避免难产的发生。

7. 产后母驴的护理　在分娩和产后期，母驴的整个机体，特别是生殖器官发生着迅速而剧烈的变化，机体抵抗力降低。产出胎儿时，子宫颈开张，产道黏膜表层可能有损伤，产后子宫内又积存大量恶露，这些都为病原微生物的侵入和繁殖创造了条件。因此对产后母驴应给以妥善护理，以促进其机体尽快恢复健康。首先，产后母驴的外阴部和后躯要进行清洗、消毒，褥草要经常更换，搞好厩床卫生；其次，产后 6h 内，可给母驴投喂优质干草或青草。产后头几天，应给予少量质量好、易消化的饲料，此后日粮中可逐渐加料直至正常，母驴约需 1 周特别护理期。

第六节　驴驹的饲养管理

一、驴驹的生长发育规律

驴驹出生时，其体高已达成年体高的一半以上，体重达成年体重的1/10～1/8。从出生到 6 月龄为哺乳期，是其出生后发育最快的时期，这段时期体高的增长相当于出生后到成年体高总增长的一半，体重的增长相当于从出生到成年总增重的 1/3。从断奶到 1 岁，体高、体重分别达成年时的 90% 和 60%；2 岁时体高、体重分别达成年时的 94% 和 70% 以上，公、母驴此时均已达到性成熟。3 岁时体高和体重的增长分别达到成年的 96% 和 90% 以上，此时驴驹的体格定型，性机能完全成熟，可投入繁殖配种，开始正常使役。

总的来说，驴驹从出生到 2 岁，每增重 1kg 所消耗的饲料是最少的，即每千克饲料所换得的体重增长报酬是最多的。因此，加强这一阶段的饲养在经济上最合算。若因饲养条件不良而使驴驹的生长发育受阻，那么 2 岁后即便增加双倍饲料也无法弥补前期发育上的不足。育肥驴更应抓住这一饲料报酬最高的阶段，尤其是 1 岁以前，快速育肥出栏上市，以获得最佳经济效益。

二、培育幼驹应抓好的几个环节

1. 养好妊娠母驴，保证胎儿正常发育　在管理上，要注意让母驴尽快恢复体力。产后 10d 左右，应注意观察母驴的发情，以便及时配种。

2. 尽早吃足初乳　幼驹出生后半小时就能站立起来找奶吃。接产人员应尽早引导幼驹吃上初乳。如产后 2h 幼驹还不能站立，应挤出初乳，用初乳喂养幼驹，每 2h 一次，每次 300mL。

3. 早期补饲　驴驹的哺乳期一般为 6 个月，该阶段是驴驹出生后生长发育旺盛和改变生活方式的阶段。这一时期的生长发育好坏，与将来的经济效益关系极大。1～2 月龄的幼驹，因体重较轻，母乳基本可以满足它的生长发育需要。随着幼驹的快速生长发育，对营养物质的需求增加，单纯依靠母乳不能满足其需要，所以应尽早补饲，使幼驹习惯于采食饲料，以弥补营养不足和刺激消化道的生长发育。

幼驹出生后半个月便随母驴试吃草料。1 月龄时应开始补料，此时幼驹的消化能力较弱，要补给品质好、易消化的饲料。建议用代乳料或其他适合本时期的补饲料，单独补饲；到 2 月龄时，逐渐增加补饲量。具体补料量应根据母驴的泌乳量和幼驴的营养状况、食欲及消化情况灵活掌握，粗饲料用优质禾本科干草和苜蓿干草，也可随母驴自由采食。

补饲时间应与母驴饲喂时间一致，但应单设补饲栏，以免母驴争食。幼驹应按体格大小、分槽补料。个别瘦弱的要增加补料次数以使其生长发育赶上同龄驹。

管理上应注意幼驹的饮水需要。最好在补饲栏内设水槽，保持经常有清洁饮水。经常用手触摸幼驹，搔其尾根，用刷子刷拭驴体，建立人驴亲和，为以后的调教打下基础。

4. 无乳驹的养育　无乳驹指母驴产后死亡或奶量不足、产后无乳母驴的幼驹。饲养无乳驹最好是找代乳母驴，其次是用代乳品。若代乳母驴拒哺，可在母驴和幼驹身上洒相同气味的水剂，然后人工帮助幼驹吮乳。代乳品通常用牛奶、羊奶。因牛奶、羊奶含脂肪量高于驴奶，补饲时应脱去脂肪（撇去上层一些脂肪）加水稀释（1∶1），并加少许糖，使之成为近似驴奶的营养品，温度保持在35～37℃，每1.5～2h喂1次，以后可逐渐减少。如给驴驹饮不经调制（稀释加糖）的牛奶、羊奶，往往会引起驴驹消化不良，发生肠炎，严重时导致下痢，有的甚至脱水死亡。

5. 适时断奶，全价饲养 哺乳驹断奶以及断奶后经过的第1个越冬期，是幼驹生活条件剧烈变化的时期。若断奶和断奶后饲养管理不当，常引起营养水平下降，发育停滞，甚至患病死亡。驴驹一般在6～7月龄时断奶，断奶过早，影响发育；反之又影响母驴体内胎儿发育，甚至损害其健康。断奶前几周，应给幼驹吃断奶后饲料。断奶应一次完成。刚断奶时，幼驹思念母驴，不断嘶鸣，烦躁不安，食欲减退，此时应加强管理，昼夜值班，同时给以适口、易消化的饲料，如胡萝卜、青苜蓿、禾本科青草、燕麦、麸皮等。由于幼驴断奶后的第1年生长发育较快，日增重可达0.3kg，所以对断奶后的幼驴应给予多种优质草料配合的日粮，其中精饲料量应占1/3（作肉用的幼驴精饲料量应更高），且随年龄的增长还要增加。1.5～2岁性成熟时，精饲料量应达成年驴水平。对于公驴，其精饲料量还应额外增加15%～20%，且精饲料中应含30%左右的蛋白质饲料，粗饲料应以优质青干草为主。

管理上必须为幼驴随时供应清洁饮水；加强刷拭和护蹄工作，每季度削蹄1次，以保持正常的蹄形和肢势；使幼驴加强运动，运动时间和强度要在较长的时间里保持稳定，运动量不足，幼驹体质虚弱，精神萎靡，影响生长发育；1.5岁时，应将公、母驴分开，防止偷配，并开始拴系调教，2岁时应对无种用价值的公驴进行育肥（肉用驴应在育肥开始前去势）。

6. 加强驯致和调教 驯致是通过不断接触幼驴而影响幼驴性情，建立人驴亲和，是调教工作的基础。驯致从幼驴哺乳期就应开始，包括轻声呼唤、轻抚幼驴、用刷子刷拭、以食物诱惑，以促使其练习举肢、扣蹄、戴笼头、拴系和牵行等。

调教是促进幼驹生长发育、锻炼增强体质、提高生产性能的主要措施。用作产肉用途的驴不必调教。

7. 防止早使早配 农村早使早配现象普遍存在。虽然可得到一时的好处，但因影响驴发育而产生的利用价值和经济方面的损失更大。正确的做法应该是按照驴驹生长发育规律，母驴配种不要早于2.5岁，正式使役不要早于3岁。公驴配种可从3岁开始，5岁以前使役、配种都应适量。

第七节　育成育肥驴的饲养管理

一、肉驴快速育肥技术

肉驴快速育肥就是科学地应用饲草饲料和管理技术，以较少的饲料和较低的成本在较短的时间内获得较高的产肉量和营养价值高的优质驴。各个年龄阶段或不同体重的驴都可用来育肥。要使驴尽快育肥，给驴的营养物质必须高于正常生长发育需要，所以育肥又叫过量饲养。

1. 影响育肥效果的因素

（1）年龄　不同生长阶段的驴，在育肥期间所要求的营养水平也不同。幼龄驴正处在生长发育旺盛阶段，增重的主要部分是骨骼、肌肉和内脏，所以饲料中蛋白质的含量应当高一些。成年驴在育肥阶段增重的主要部分是脂肪，此时饲料中的蛋白质含量可相对低一些，而能量则应该高些。单位增重所需的营养物质总量以幼龄驴最少，老龄驴最多。但幼龄驴的消化机能不如老龄驴完善，所以幼龄驴对饲料品质的要求较高。

驴在育肥期间，前期体重的增加以肌肉和骨骼为主，后期以沉积脂肪为主，因而在育肥前期应供应充足的蛋白质和适当的热能，后期要供应充足的能量。任何年龄的驴，当脂肪沉积到一定程度后，其生活力下降，食欲减退，饲料转化率降低，日增重降低，若再继续育肥就不经济了。通常，年龄越小，育肥期越长，如幼驹需要 1 年以上。年龄越大，则育肥期越短，如成年驴仅需3～4 个月。育肥期的长短，还受饲料品质和饲养方式的影响，放牧的饲料效率低于舍饲，所以放牧驴的育肥期比舍饲驴要长。

（2）环境温度　环境温度对育肥驴的营养需要和日增重影响较大。驴在低温环境中，为了抵御寒冷，需增加产热量以维持体温，使相对多的营养物质通过代谢转化为热能而散失，饲料利用率下降。当在高温环境中时，驴的呼吸次数增加，采食量减少，温度过高会导致驴停食，特别是育肥后期的驴膘较肥，高温危害更为严重。根据驴的生理特点，适宜的温度为 16～21℃。

（3）饲料种类　饲料种类的不同，会直接影响到驴肉的品质，饲养调控是提高肉产量和品质的最重要手段。在不影响驴的健康和消化的前提下，短期内给予的营养物质越多，则所获得的日增重就越高，每千克增重所消耗的饲料就越少，出栏提前，效益提高。驴在育肥期的营养状况对产肉量和肉质影响很大。只有育肥度很好，其产肉量与肉品质才好。饲料种类对肉的色泽、味道有重要影响。以黄玉米育肥的驴，肉及脂肪呈黄色，香味浓；喂颗粒状的干草粉及精饲料，能迅速在肌肉纤维中沉积脂肪，并提高肉的品质；多喂含铁量多的饲料则肉色浓；多喂荞麦则肉色淡。饲料转化为肌肉的效率远远高于饲料转化为脂肪的效率。

2. 肉驴快速育肥

（1）肉驴育肥模式　驴在育肥全过程中，按营养水平，可分为以下五种模式：

①高-高型。从育肥开始至结束，全程高营养水平。

②中-高型。育肥前期中等营养水平，后期高营养水平。

③低-高型。育肥前期低营养水平，后期高营养水平。

④高-低型。育肥前期高营养水平，后期低营养水平。

⑤高-中型。育肥前期高营养水平，后期中等营养水平。

一般情况下，驴育肥采用前三种模式，特殊情况时才采用后两种模式。但不论采用哪种育肥模式，驴日粮中粗饲料和精饲料都应有合适的比例，详见表 9-2。

表 9-2　育肥驴饲料推荐标准

育肥阶段	精饲料（%）	粗饲料（%）
前期	45～35	55～65
中期	55	45
后期	85～75	15～25

（2）合理利用补偿生长原理　驴在生长发育过程中，在某一阶段因某种原因，如饲料供应不足、饮水量不足、生活环境条件突变等，造成驴生长受阻。当驴的营养水平和环境条件适合或满足其生长发育条件时，驴的生长速度在一定时期内会超过正常水平，把生长发育受阻阶段损失的体重弥补回来，并能追上或超过正常生长的水平，这种特性称之为补偿生长。补偿生长是有条件的，运用得当可以获利；运用不当时，则会受到较大损失。补偿生长的相关实践结果如下：

①生长受阻时间不超过 3～6 个月。

②胎儿及胚胎期的生长受阻，补偿生长效果较差。

③初生至 3 月龄时所致的生长受阻，补偿生长效果不好。

④前期多喂粗饲料，精饲料相对集中在育肥后期的育肥模式，可以充分发挥驴补偿生长的特点和优势，获得满意的育肥效果。

（3）适时出栏屠宰　正确判断肉驴育肥最佳结束期，适时出栏屠宰，不仅对养驴者节约投入、降低成本等有利，而且对保证肉的品质有极重要的意义。判断肉驴最佳育肥结束期，通常有以下 3 种方法：

①从采食量判断。在正常育肥期，肉驴的饲料采食量是有规律可循的，即绝对日采食量随育肥期的增重而下降，如下降量达正常量的 1/3 或更少；按活重计算日采食量（以干物质为基础），为活重的 1.5% 或更少，这时已达到育肥的最佳结束期。

②用育肥度指数来判断。可参考肉驴的指标，即利用活重与体高的比例关系来判断，指数越大，育肥度越好。

$$指数计算方法：育肥度指数＝体重/体高×100$$

③从肉驴体型外貌来判断。检查判断的标准为：必须有脂肪沉积的部位是否有脂肪及脂肪量的多少；脂肪不多的部位沉积脂肪是否厚实、均衡。

（4）合理配制育肥驴日粮　饲料是实现驴快速育肥的物质基础。科学合理地配制驴饲料，对于提高育肥驴增重速度和饲料利用率、改善驴肉品质、降低生产成本具有重要作用。配制育肥驴日粮时，首先应根据饲养标准，结合增重速度计算，确定饲料适宜的营养水平；其次要因地制宜，充分利用当地生产的大宗饲料原料，并尽可能采用廉价饲料原料，最大限度地做到饲料种类多样化和营养丰富、全面，以优质饲料为主，精饲料、粗饲料、青饲料结合，在各种营养成分含量达到饲养标准的前提下，降低饲料成本，在追求科学性满足需要的同时，注意改善饲料的适口性。总之，饲料配方设计必须遵循安全性、营养性、适口性和经济性的原则。

在生产实践中，对于幼龄育肥驴来说，育肥前期日粮应以优质精饲料、粗饲料、青贮饲料、糟渣类饲料为主，尽可能提高育肥驴平均日增重；育肥后期，通常以生产优质驴肉产品为主要目标，重点提高胴体重量，增加瘦肉产量。对于阉驴而言，一般可采用前期多喂粗饲料，而精饲料相对集中在育肥后期的育肥模式。在该育肥模式中，粗饲料是肉驴的主要营养来源之一，因此要特别重视粗饲料的饲喂，将多种粗饲料和多汁饲料混合饲喂，效果较好。前粗后精的育肥模式的饲养设计见表 9-3 和表 9-4。

表 9-3 粗饲料育肥饲养设计（%）

组别	育肥前期（150d）	育肥中期（150d）	育肥后期（150d）
1	20	20	20
2	40	20	20
3	40	40	20

表 9-4 粗饲料育肥饲养设计（%）

组别	育肥前期（180d）	育肥后期（270d）
1	30	20
2	40	20
3	50	20

在有草场可利用的地区，可采用放牧育肥，以合理、充分利用草场资源。放牧育肥，应以草定畜，合理分群，一般情况下，每头驴每天占 20～30m² 草场。放牧期间，夜间应补饲混合饲料，每头每天补饲混合精饲料量为肉驴活重的 1%～1.2%，补饲后要保证充足饮水。

3. 加强饲养管理　除前文所述常规管理措施外，对于育肥驴的管理还应特别注意以下几点：

（1）育肥前及育肥过程中，应定期驱虫和防疫。

（2）一般情况下，育肥驴饲养应采取群养方式，自由采食，自由饮水。

（3）圈舍要求每天清理粪便 1～2 次。

（4）及时变换口粮，但是日粮变换应采取逐渐过渡的方式进行。

（5）做好夏季防暑和冬季保暖工作。

二、育肥驴的收购与运输

1. 收购育肥驴的准备工作

（1）驴的价格

①费用组成。收购育肥驴的价格是由 9 项费用组成的，即驴价、预收、手续费、兽医检疫费、运输费用、运输过程中损失的体重、运输中意外死亡、资金的利息和公关费用。在收购育肥驴时，必须事先了解和估算，计算 1 头驴的价格。在此基础上再进一步测算育肥全过程的费用，以及产品出售后的收入，对生产的效益做到心中有数。

②育肥期费用。主要包括有精饲料费用、粗饲料费用、添加剂费用、人工工资、饲料运输费用、兽医医疗费用、驴舍折旧费用和水电费用等。

③屠宰产品市场。主要有主产品价格、高档产品价格、副产品价格。

只有对以上情况和费用进行详尽的了解和测算后，才能定出收购育肥驴的价格标准。

（2）与育肥驴产地的联系　在市场经济逐步建立的新形势下，必须要注意市场的调控，但仍要有组织、有领导地开展工作，大致工作程序如下：

①与当地政府及职能部门联系，争取支持。

②共同商定育肥驴交易中的价格，防止投机商哄抬驴价。

③共同协商育肥驴的收购标准，包括品种、年龄、性别、最低体重要求、健康状况。

④协商收购办法，称重计价或按头计价。收购后驴的中途转运也应考虑在内。

⑤商定收购数量。

⑥商定付款方式。

⑦商定收购程序。火车运输时需要逐头采血、化验。

（3）出境证件　国家对异地育肥家畜有规定，必须照章办事。

2. 育肥驴的运输管理　切实做好运输前的一切准备工作。在运输过程中要预防应激，育肥驴在运输过程中，不论是赶运还是车辆运输，都会因生活条件及生活规律的剧烈改变而造成应激反应，即驴的生理活动发生改变。减少运输过程中的应激，是育肥驴运输的重要工作，必须予以重视。常用的措施有如下几点：

（1）装运前合理饲喂　装运前3～4h应停止喂饲具有轻泻性的饲料。装运前2～3h，不要过量饮水。赶运或装运过程中，切忌任何粗暴行为或鞭打。

（2）合理装载　用汽车装载时，每头驴根据体重大小应占一定面积，为1.5～1.8m²。运输到目的地后，饮水要限量，补喂盐。逐渐更换饲料。

第十章
驴主要疫病防控

第一节　生物安全

"预防为主，防重于治"和"中西医结合"是搞好驴的卫生防疫，保障驴健康生产的重要措施。根据多年的工作实践，在驴生产中坚持"以养为主、养防结合，预防为主、防重于治"。

一、驴的卫生防疫措施

驴的防疫措施：一是消灭传染来源和传染媒介；二是提高驴的抗病能力。根据防疫措施的性质，可分为一般防疫措施和疫区防疫措施两种。

1. 常用防疫措施　这是一项经常性的工作，主要包括如下几个方面：

（1）驴是奇蹄草食家畜，对圈舍和环境有一定的要求，条件适宜方能正常生长发育，增强抗病力，减少疾病发生。因此驴舍应建在背风向阳、地势平坦、干燥、水源好、交通便利和有利于防疫卫生的地方。

（2）按照驴的饲养管理要求，做好驴的饲养管理工作，以增强驴对疾病的抵抗力。

（3）驴舍门口应设消毒水池或槽。

（4）圈舍、场地及饲养管理用具要定期用10%～20%石灰水、1%～10%漂白粉澄清液、1%～4%烧碱水、3%～5%含溴药水消毒，驴体及用具可用3%～5%来苏儿消毒。

（5）粪便可采用堆积、发酵、沼气发酵法消毒，也可采用药物杀灭法，即在100kg粪便中加入15%～20%氨水、0.5kg尿素或1.5kg过磷酸钙，搅拌均匀，放置 1～2d 后，即可杀死绝大部分微生物、虫卵和幼虫。

（6）实施预防接种，及时进行预防注射，有针对性地进行人工免疫，对杀灭病原和防止传染病的流行具有重要意义。如在春季对驴进行炭疽芽孢疫苗预防接种，可预防炭疽病；用破伤风类毒素疫苗定期预防接种，可预防破伤风等。

（7）做好检疫工作，控制传染。在补充种驴、采购驴产品和饲料时应注意不能从疫区输入；新引入种驴应进行隔离、观察、检疫，确认健康者方可入群；定期对原有驴群进行检疫以便及早发现病驴，并及时处理，防止传染病的蔓延。

2. 疫区防疫措施　若发现传染病，应抓紧做好下面 4 项工作。

（1）报告疫情　当疫病发生时，应将发病地点、时间以及发病驴的种类、年龄、发病数、死亡数及主要症状等迅速报告有关部门。

（2）封锁和隔离　疫病发生后，应对疫区迅速实行封锁，以防止传染病由疫区向安全区传播。严禁驴流动并关闭牲畜市场。患病驴应与健康驴隔离，隔离舍应距健康驴舍一定距离，并安排专人管理，加强消毒工作。

（3）消毒　凡被传染病畜污染的场地、车辆及用具在彻底清洗之后一律进行严格消毒。使用 3%～5% 的戊二醇和聚维酮碘进行全场喷雾消毒，有传染病的圈舍洒白石灰粉进行消毒。污染的饲草应集中起来焚烧；粪便按前述消毒方法处理；病尸应运往指定地点深埋或烧毁，严禁剥食、加工和出售。

（4）其他措施　对疫区其他驴及其他易感动物应注意观察，并加强饲养管理，凡是有特异免疫方法的传染病，应用其疫苗、抗血清等进行紧急预防接种。传染病的治疗效果取决于应用药物是否恰当、及时，以及病驴的养护条件好坏。在实践中要认真执行上述措施，可有效地防止疫病的发生和蔓延，保证养驴业的健康发展。

二、驴病的特点及诊断

1. 驴病的特点　马、驴、骡均属马属动物，其生物学特性及生理结构基本相似，但不同种间也存在差异，故在疾病表现方面，也有不同。从患病种类看，驴与马基本相似，但驴的生物学特性与马之间存在差异，其抗病力、临床表现及对药物的反应等方面，均与马有所不同。例如疝痛病，马的临床表现十分明显，而驴则多数比较缓和，甚至不表现外部症状；驴对鼻疽敏感，感染后多为急性，易引起败血病和脓毒败血病，迅速死亡，而马多为慢性，病初无明显表现；驴对马传染性贫血有较强的抵抗力，而马却易感；在相同条件下，驴不易患日射病和热射病，而马却相反；与马相比，驴有其独特的易患疾病，如产前不食和霉玉米中毒等。综上所述，在诊断和治疗驴病时必须以驴的特性为基础。

2. 驴病的诊断及注意事项　驴病的诊断方法同其他家畜一样，包括中兽医的望、闻、问、切和现代兽医学的视、触、听、叩以及化验室检查等。凡兽医临床诊断学方面的有关知识及方法均可使用。如前所述，驴与马在抗病力、临床表现及药物反应等方面存在差异，驴对一般疾病有较强的耐受力，即使患病仍能吃草、喝水。若不注意观察，待其不吃不喝时病就比较严重了。所以，勤于观察对驴病诊断具有很大的帮助，其观察内容有以下几项。

（1）观察驴的精神状态　驴头颈高昂、精神抖擞、两耳竖立是健康的表现，否则表明驴可能患病。

（2）观察驴的饮水情况　饮水的多少对判断驴是否有病具有重要意义。驴吃草少而饮水多则无病，若采食量不减而连续数日饮水减少或不喝水，表明驴不久就要生病。

（3）观察驴的粪便情况　若粪球硬度适中，外表湿润光亮则驴无病。反之，如果粪球干燥、紧硬、外被少量黏膜，且驴喝水减少，则驴几天后有可能发生胃肠炎。

判断驴是否正常，还可以将平时的吃草、饮水的精神状态与鼻、耳温的变化诸方面结合起来进行观察比较。总之，只有在饲养中特别细心地观察，疾病才能被早发现、早治疗，驴才能早康复。

第二节　主要传染病的防控

传染病是由病原微生物引起的，具有一定的潜伏期和临诊表现，并具有传染性的疾病。根据文献记录（大部分是马的文献资料）以及世界动物卫生组织（OIE）和我国农业部列出的马属动物疫病目录，驴可能发生的传染病归结为两大类。第一大类是与其他动物共患的传染病（包括人兽共患病），如驴流感、沙门氏菌病、布鲁氏菌病、大肠杆菌病、巴氏杆菌病、炭疽、破伤风、魏氏梭菌病、日本脑炎等。第二类是马属动物特有的传染病，如马鼻肺炎（疱疹病毒Ⅰ型）、马腺疫、结核病、马传染性贫血、传染性生殖道泰勒氏菌子宫炎、马脑脊髓炎、传染性淋巴管炎、巴贝虫病、鼻疽、非洲马瘟等。

下面介绍驴场常见的几种传染病。

1. 破伤风　又称"强直症"，俗称"锁口风"，是由破伤风梭菌引起的一种人畜共患的急性、创伤性、中毒性传染病。其特征是病驴全身肌肉或某肌群呈现持续性的痉挛和对外界刺激的反射兴奋性增高。一般通过具备无氧条件的伤口感染，如小而深的伤口（刺伤、钉伤）或创口被泥土、粪便、痂皮封盖，或创内组织损伤严重等都易感此病。故驴体受到钉伤、鞍伤或去势、断脐时应特别注意消毒，防止因不消毒或消毒不严感染此病。

症状：潜伏期一般为1～2周，病初咀嚼缓慢，随后开始两耳发直，不能摆动。瞬膜外突，鼻孔开张，颈部和四肢僵直，尾根高举，呈木马状。步态不稳，运动显著障碍，转弯或后退更显困难，容易跌倒。稍有刺激，病驴惊恐不安，痉挛加重。呼吸快而浅，脉细而快，偶尔全身出汗，随后体温可上升到40℃以上。

如病势轻缓，驴还能饮水吃料。病程延长到2周以上时，经过适当治疗，常能痊愈。如在发病后2～3d内牙关紧闭，全身痉挛，心脏衰竭，又有其他并发症者，多易死亡。

诊断：根据其临床症状结合创伤病史即可确诊。

预防：坚持每年定期注射预防破伤风类疫苗，即可防止本病发生。一旦发生外伤，应及时治疗并注射预防量抗破伤风血清。

治疗：本病的治疗原则是消除病原、中和毒素、镇静解痉、强心补液和加强护理。具体方法如下。

①消除病原。扩创后，应用3％双氧水或0.1％高锰酸钾液冲洗，并用青霉素治疗3～5d。

②中和毒素。静脉注射或肌内注射抗破伤风血清80万～120万IU，分2～3次注射，每次用量30万～40万IU，每天1次，连用2～3d；或1次注射50万～100万IU。后者较前者效果好。

③镇静解痉。用25％硫酸镁溶液100mL静脉注射（或肌内注射），每天1～2次。

④强心补液。每天适当静脉注射5％葡萄糖生理盐水，并加入维生素B和

维生素 C 各 10～15mL，心脏衰弱时，可皮下静脉注射强尔心 5～10mL。

⑤加强护理。要做好静、养、防、遏 4 个方面的工作。要使病驴在僻静较暗处，避免惊动；喂以豆饼或豆浆、料水、稀粥等；防止摔倒、碰伤、骨折；要定期牵遛，活动四肢关节。

2. 流行性淋巴管炎　本病是由流行性淋巴管炎囊球菌引起的马、骡、驴的一种慢性传染性病，主要经创伤感染。圈舍潮湿，饲养密度大，也是造成本病发生的原因，该病无明显的季节性，一旦发生，短期内难以扑灭。

症状：该病潜伏期为数周到数月。发病初期常在四肢、头、颈及肋侧的皮肤和皮下组织出现豌豆大至拇指头大的结节。出现在鼻腔、口唇等黏膜的结节呈黄白色或灰白色圆盘状凸起，边缘整齐，周围无红晕。病的中后期结节形成脓肿，脓肿破溃后流出黄白黏稠脓汁，继而形成溃疡，溃疡面凸起在周围皮肤而呈菜花状。病驴淋巴管呈串珠状结节，破溃后，也形成菜花状溃疡。该病一般无全身症状，体温、食欲均正常。但病灶面积过大时，会引起食欲下降，体温略高，病驴逐渐消瘦，较难治愈。

诊断：根据患病症状即可初步诊断。经细菌学诊断，即在高倍显微镜下用弱光检查脓汁或分泌物涂片，发现有卵圆形双外膜的囊球菌即可确诊。

治疗：对局部患病可先清除脓汁，将高锰酸钾粉撒于创面，用纱布棉球反复摩擦。手术摘除皮肤结节，其创面用 20％碘伏涂擦，以后每天用 1％高锰酸钾液冲洗，再涂上药物并覆盖灭菌纱布。不宜手术之处可用烧烙。

3. 马腺疫　马腺疫是驴的一种急性传染病，3 岁以下幼驹多发，临床症状以下颌淋巴结急性化脓性炎症、鼻腔流出脓液为特征。病驴康复后可终生免疫，以后不再得此病。

病原是马腺疫链球菌，链球菌随脓肿破溃和病驴喷鼻、咳嗽排出体外，污染空气、草料、水等，经上呼吸道黏膜、扁桃体或消化道感染健康驴。

症状及诊断：本病常分 3 种类型。

①顿挫型。鼻、咽黏膜呈轻度发炎，下颌淋巴结不肿胀或稍肿胀，有中度增温后很快自愈。

②良性型。病初体温升高至 40～41℃，精神沉郁，食欲不振或废绝，鼻咽黏膜发炎。咳嗽，下颌淋巴结肿大、热而疼痛。因咽部发炎疼痛常头颈伸直，吞咽和转头困难。数日后淋巴结变软，破溃后流出黄白色黏稠脓液，此时体温恢复正常，其他症状也随之消失。

③恶性型。病原菌经淋巴结、淋巴管、血液侵害或转移到其他淋巴结或脏器，引起全身性化脓性炎症时称恶性腺疫。病常侵害咽喉、颈前、肩前、肺门及肠系膜淋巴结，甚至转移到肺和脑等脏器，由于侵害部位不同，危害和症状也有差异，此型转归多不良。

防治措施：局部治疗时可于肿胀部涂10％碘伏、20％鱼石脂软膏，促使肿胀迅速化脓破溃。如已化脓，肿胀部位变软应立即切开排脓，并用1％新洁尔灭溶液或1％高锰酸钾水溶液彻底冲洗，发现肿胀严重压迫气管引起呼吸困难时，除及时切开排脓外，可行气管切开术使呼吸通畅。若病后有体温升高，应采取全身疗法，即肌内注射青霉素120万IU，每天3次，病情严重的首次可静脉注射，也可口服磺胺噻唑30～50g，另外可静脉注射碘化钙、氯化钙或葡萄糖酸钙。采食、饮水少者还应输液，加维生素C 20mL。

治疗期间要给予营养丰富、适口性好的青绿饲料以及清洁的饮水。

第三节　主要寄生虫病的防控

驴常感染的寄生虫病主要有马胃蝇病、蛲虫病及疥癣等。

1. 马胃蝇（蛆）病　由马胃蝇的幼虫引起的马、驴常见的寄生虫病，幼虫主要寄生在驴胃内，感染率较高。

病原及流行特点：马胃蝇成虫于夏、秋季在驴体表背毛上产卵，呈黄白色或黑褐色，孵化成幼虫后刺激皮肤引起发痒，当驴啃咬皮肤时，幼虫经口腔侵入胃内，以口钩固着于胃黏膜上，继续发育刺激局部引起发炎或形成溃疡。

症状：由于胃内寄生的大量马胃蝇，刺激局部发炎或形成溃疡，导致驴食欲减退、消化不良甚至腹痛。驴胃内寄生的马胃蝇过多时可引起驴体消瘦、毛干、消化障碍。

治疗：常用驱虫药为敌百虫，其用量为每千克体重30～50mg，配成5％温水溶液内服。也可用二硫化碳15～18mL，投药前停食18～24h（可饮水），服后不用泻剂。

驴对敌百虫敏感，服药后若出现严重副作用，可皮下注射1％硫酸阿托品溶液3～5mL，或肌内注射解磷定（每千克体重20～30mg）抢救。

2. 疥螨病（疥癣）　本病是由螨侵袭驴皮肤所引起的一种高度接触性、传染性、慢性寄生性皮肤病。

病原及流行特点：疥螨病常见的病原是疥螨。该病主要于冬季和秋末春初在圈舍潮湿、驴体卫生不良、毛长而密、皮肤表面较湿等条件下多发，可通过接触病驴或被病驴污染的圈舍、用具等引起感染。

症状：病驴皮肤奇痒，常倚物摩擦或啃咬，患部出现脱毛和结痂现象；病驴烦躁不安，日渐消瘦。

治疗：在治疗前应先用 2% 来苏儿水充分洗净患部，除去痂皮，然后用 0.5%～1% 敌百虫水溶液喷涂或洗刷患部，5d 洗 1 次，连用 3 次。也可用硫黄 2 份、棉油 5 份，混合涂擦，或敌百虫 1 份加液体石蜡 4 份，加温溶解后涂擦。同时应用杀虫药如 1.5% 敌百虫溶液，杀死圈舍环境及用具上的虫体，才可根治。可使用硫黄软膏、酮康唑、灰黄霉素、两性霉素，中药黄檗、丁香、苦参和地肤子等治疗癣病。防治螨虫可在每年春、秋季各使用伊维菌素和阿苯达唑复合制剂进行驱虫，患处剪毛清洗后，局部用敌百虫溶液、螨净 0.5% 溶液，0.05% 辛硫磷反复涂抹、喷洒。

预防：用刷子刷拭驴全身 1～2 次/d，促进血液循环，排汗畅通。应用药物或火焰喷灯、紫外线等消毒杀灭虫及其卵。促持圈舍清洁干燥，经常刷拭驴体，增强皮肤抵抗力。发现病驴，立即隔离治疗，以免接触传染。

3. 肠道寄生虫病　本病是一种慢性、隐蔽性疾病，往往无明显的临床症状，严重时表现为消瘦、贫血、腹泻，甚至是死亡。驴肠道寄生虫与年龄、季节等因素关系密切。感染比较普遍，其中 9 种肠道寄生虫比较常见，即圆线虫、蛔虫、绦虫、鞭虫、蛲虫、钩虫、球虫、贾第虫、隐孢子虫。其中，隐孢子虫和贾第虫是常见的原虫病原；优势种主要有马副蛔虫（A）、毛细线虫（B）、马圆线虫（C）和球虫（D）；以圆线虫感染率最高。

诊断：取新鲜的粪样放入塑料烧杯中，加少量饱和生理盐水，用小镊子捣碎后再添加 10 倍量的饱和盐水，充分搅拌使粪便与饱和生理盐水充分混匀，用铜筛过滤到广口小瓶内，使液面稍高于管口，在液面上盖上盖玻片，静置 20min，小心地平提盖玻片，30°覆于载玻片之上，在光学显微镜下，根据虫卵的大小、颜色、形态进行鉴定。

治疗：春、秋季驱虫药浴，冬季可加强驱虫 1 次。口服虫克星（伊维菌素、阿维菌素）粉剂或片剂，或阿苯达唑片及复方片剂，口服 50～100g 盐或 450g 健胃散，按每千克体重 7.5mg 给予合适剂量，3d 后再喂一次，以提高驱虫效果；伊维菌素针剂（每 100mL 1g）按每千克体重 0.02mL 使用。以后保持至少每月驱虫 1 次，针剂、片剂交替使用。7～15d 再重复用药一次，驱虫后饲料拌健胃药连用 3d。

第四节　常见普通病的防控

一、常见内科病

1. 口炎　又名口疮，是口腔黏膜表层或深层组织的炎症。

病因：机械性损伤，如粗硬的饲料、尖锐的牙齿或异物；化学性刺激，如经口腔服用的刺激性药物浓度过大；温热刺激或喂发霉饲料及维生素 B_2 缺乏等，均可引起口炎。驴常发生表层黏膜口炎和溃疡性口炎。

症状：表层黏膜口炎的症状是病驴采食小心，唾液分泌增加，口腔湿润。检查时可见口腔黏膜潮红、肿胀，口温增高，颊、硬腭及舌等处有刺入的尖锐异物或损伤及烂斑；溃疡性口炎口腔黏膜发生糜烂、坏死或溃疡，并流出灰色不洁而有恶臭的唾液。

治疗：首先除去病因，如拔除刺在口腔黏膜上的异物、修整锐齿等。护理上应喂给柔软易消化的饲料，经常饮清水，采食后用清水冲洗口腔。也可根据病情变化，选用适当的药液冲洗口腔。常用药液有：1％盐水、2％～3％硼酸液、2％～3％碳酸氢钠、0.1％高锰酸钾、1％明矾、2％龙胆紫、1％磺胺甘油乳剂或碘甘油（5％碘伏 1 份、甘油 9 份）等。另外，中药治疗口炎效果较好，其配比为：青黛 15g、黄连 10g、黄檗 10g、薄荷 5g、桔梗 10g、儿茶 10g 共研细末，装入布袋内，热水浸湿后，使驴衔之。通常每天换 1 次。也可用硼砂 9g、青黛 12g、冰片 3g 共研细末，涂抹驴口舌。

2. 咽炎　咽炎是咽部黏膜及深层组织的炎症，以吞咽障碍和流涎为特征。

病因：咽炎多由机械性刺激损伤咽部黏膜而引起。吸入刺激性气体及寒冷刺激，也可引起本病的发生，另外腺疫、口炎和感冒等病也往往继发咽炎。

症状：病驴头颈伸长，避免运动；触摸咽部，病驴抗拒；常咳嗽。另外吞咽困难和流涎也是本病的主要特点。病驴常将食团吐出或有部分食物、饮水从鼻腔逆出。根据这些症状即可对该病进行确诊。

治疗：防止咽部黏膜受到损伤，加强耐寒锻炼，及时治疗原发病是预防该病发生的关键。在治疗上应加强病驴护理，给以柔软易消化的草料和清洁饮水。咽部用温水、白酒温敷以促进渗出物吸收，每次 20～30min，每天 2～3

次。也可涂以 1‰樟脑酒精、鱼石脂软膏或用复方醋酸铅散加醋外敷。严重咽炎可用抗生素和磺胺类药物，如青霉素 80 万～100 万 IU 肌内注射，每天 2～3 次，咽炎无并发症时，适当治疗，可于 1～2 周内治愈，若并发异物性肺炎则愈后不良。

3. **食道梗塞** 即食道被草料或异物所阻塞。

病因：采食过急、吞咽过猛，采食时突然受到惊扰，采食大块块根、块茎饲料（萝卜、马铃薯、山芋）等均可导致食道梗塞。

症状：驴突然停止采食，骚动不安，并不断地做吞咽动作，口流大量唾沫，有时从鼻孔流出。伴有咳嗽，阻塞部前部食道充满液体，如为颈部阻塞，可摸到阻塞物。

治疗：除去阻塞物即可治愈本病。①在摸到阻塞物的情况下，向上挤压并牵动驴舌，即可排出阻塞物。②先灌入少量油类，然后皮下注射盐酸毛果芸香碱 3～4mL。③使驴头部下垂，将缰绳系于一前肢下部，驱赶其运动，促使阻塞物下移。

4. **疝痛** 疝痛是以腹部剧烈疼痛为主的一种综合征。在兽医临床上，真性疝痛是指驴的某些特定疾病，如肠秘结、急性胃扩张、急性肠臌气、肠痉挛、肠变位等。疝痛的发病率占驴病的 1/3 左右，若治疗不及时或治疗不当，死亡率高，从而导致重大损失。

（1）肠秘结 由于肠内容物阻塞肠道而发生的一种疝痛。驴较少发生，若发生也以大肠秘结较为常见，占疝痛的 90% 以上。发病部位常在小结肠、骨盆弯曲部、左下大结肠和胃状膨大部。

病因：饲喂不当。过饥过饱、饲料坚硬粗糙难消化、突然改变饲养方式或饲料变质等；饮水不足，消化液分泌减少，影响正常消化；长期运动不足，肠道运动机能减退；天气突变，机体一时不能适应，引起消化紊乱。

症状：由于阻塞部位和阻塞物性质不同，其临床症状也有差异。

①大肠秘结时，发病较缓，病初排少量干硬的粪球，后停止排粪，食欲减少直至废绝。患驴口腔干燥有苔，精神沉郁，腹痛严重时间歇起卧，有时横卧、四肢直伸，尿量很少或全无。

②小结肠便秘时，发病急，腹痛中等或剧烈，口腔干燥，食欲废绝，继发肠臌胀后，腹围膨大。

③胃状膨大部便秘时，病程慢，腹痛轻微，多为不完全阻塞。

④直肠便秘时，腹痛轻微，患驴不断举尾做出排粪姿势，但无粪排出。以上便秘均可通过直肠检查确诊。

治疗：一般采取通（疏通）、静（镇静）、减（减压）、补（补液和强心）及护（护理）的综合防治措施，在实践中应灵活应用，疗效较好。

通：即疏通肠管，使结粪变形排出。可采用针灸、药物、直肠按压、灌肠、手术等5种方法。A. 针灸，采取电针或水针于不同穴位进行针灸。B. 药物，常用的有硫酸钠、食盐、液体石蜡和敌百虫。食盐100～300g，水2 000～6 000mL，一次内服；液体石蜡200～500mL，加水200～500mL，一次内服；敌百虫5～10g，加水500～1 000mL，内服。上述药物加入适量鱼石脂、松节油或大黄末，可提高疗效。中药可采用大承气汤（芒硝120g、大黄120g、厚朴60g、枳实60g），煎好后三味药取汁加入芒硝候温灌服。C. 直肠按压，采用按压、切压、捶结和直取等手法疏通肠道，见效迅速。但操作者要有一定的临床经验，病驴应保定，注意安全。D. 灌肠，经直肠灌入5 000～10 000mL微温水或生理盐水，兴奋肠管，利于粪便排出，该法是大肠便秘通便的简易有效方法。E. 手术，应用以上诸措施未见好转而全身症状逐渐严重时，可考虑采用手术。

静：即镇静、镇痛，以便缓解症状。可静脉注射安溴液或水合氯醛酒精液。

减：即减压，继发胃扩张要导胃，继发肠臌胀要及时穿肠放气。

补：即补液强心，以维持全身机能。

护：即加强护理。投给食盐后，要勤饮水。

（2）急性胃扩张　是驴的一种急性消化不良症。

病因：因贪食过多难以消化、易膨胀和发酵的草料又大量饮水造成胃的急剧膨胀而引起的一种腹痛，多发于马，驴较少发生。

症状与诊断：原发性胃扩张多在采食时或采食后突然发生。病初驴表现不安，很快出现明显的腹痛，呼吸急促，有时出现逆呕动作或犬坐姿势。腹围一般不增大。肠音减弱或消失，初期排少量粪，后期排粪停止。其继发症有胃破裂。胃破裂后病驴突然安静，头下重，鼻孔开张，呼吸困难，全身冷汗如雨，脉搏细微，很快死亡。驴因采食较慢，一般很少发生胃破裂。胃管插入后排出不同数量胃内容物可作为该病的诊断特征。同时，还应配合直肠检查以排除小肠及胃状膨大部便秘所引起的继发性胃扩张。

治疗：该病的治疗应采取以解除扩张状态、缓解幽门痉挛、镇痛止酵和恢复胃功能为主，以补液强心、加强护理为辅的原则，首先用胃管排出胃内气体、液体及食糜，再经胃管灌入酒精、福尔马林、温水合剂，或灌服醋、姜、盐合剂（醋100mL、姜末40g、食盐20g），或单服醋200～300mL以解痉镇痛。若出现失水症状，可应用强心剂并补液。此外，对病驴要加强护理，防止因胃痛起卧而造成胃破裂，并适当牵遛以利康复。治愈后应停喂1d，再逐渐恢复正常饲喂。

（3）胃肠炎 是胃肠黏膜及其深层组织的重剧炎症。胃炎和肠炎通常一起发生，故称为胃肠炎。

病因：饲养管理不当如精饲料采食过量、饮水不洁、草料发霉、草料质地粗糙、采食有毒植物后用药不当（如大量应用广谱抗生素、泻剂以及其他疾病的继发等）均可引起胃肠炎。

症状：病驴精神沉郁，食欲废绝，饮欲增加；结膜发绀，舌面污秽不洁、有苔。剧烈的腹泻是其主要症状，粪便恶臭或酸臭，并混有血液及坏死组织碎片，常伴有轻微的腹痛。体温升高，一般为39～40℃，脉弱而快。腹泻严重的病驴出现脱水症状。眼球凹陷，尿少色浓，血液黏稠发暗。严重时发生自体中毒，全身症状加剧。

治疗：本病的治疗要"抓住一个根本"（消炎），"掌握两个时机"（缓泻和止泻），"贯彻三早原则"（早发现、早确诊、早治疗），"把好四个关口"（护理、补液、解毒、强心）。抗菌消炎是治疗本病的根本措施，应贯穿整个病程。缓泻和止泻可用硫酸钠或人工盐300～400g，配成6%～8%的溶液，另加酒精50mL，鱼石脂10～30g，调匀内服。也可用液体石蜡或植物油混合适量石脂和温水内服。对于出现脱水、自体中毒和心力衰竭的病驴应及时补液、解毒和强心。补液常用复方氯化钠液、生理盐水、5%糖盐水等。在补液的同时加入适量5%碳酸氢钠可以解毒。用20%安钠咖液和20%樟脑油适量交互皮下注射，也可用强尔心液皮下、肌内或静脉注射，以维护心脏机能。

（4）肠痉挛 是因肠管平滑肌痉挛性收缩而发生的腹痛病。

病因：该病多因受到寒冷刺激、采食霜草或腐败发酵饲料、消化不良等引起。

症状：病驴间歇性发生腹痛。在间歇期正常饮水、采食，经一定时间腹痛又发作。肠蠕动音增强，由于病驴肠蠕动加快和肠液分泌增多而出现排粪次数增加，粪便酸臭味较浓。

治疗：本病疗程短，及时治疗容易治愈，有些甚至不治自愈。其治疗以解除肠痉挛和清肠止酵为主。解除肠痉挛常用药物有盐酸普鲁卡因、安溴合剂、水合氯醛等，分别通过肌内注射、静脉注射和内服方式给药。清肠止酵常用硫酸钠、酒精、鱼石脂加水适量一次内服，疗效好。

（5）肠变位　是肠管的自然位置发生改变，致使肠腔闭塞的剧烈性腹痛病，以病程短急、病势危重、腹痛剧烈为特征。

病因：原发性肠变位多由饲养失常致使胃肠机能紊乱引起；继发性肠变位多继发于肠痉挛、肠便秘和急性胃扩张，因病驴起卧急促，反复滚转引起。该病发病率低但死亡率却很高。

症状：症状常忽然发生或继其他疝痛而发。腹痛特别剧烈，应用镇静剂也难以奏效。病驴极度不安、急起急卧、食欲废绝、排粪停止、呼吸促迫、体温升高。通过直肠检查，发现直肠内空虚、有局部性气胀，肠系膜紧张并向一方倾斜，感到肠管自然位置发生变化即可确诊。

治疗：治疗的根本措施是通过手术使肠管复位。在肠位未整复以前严禁用泻药。

（6）新生驹胎粪秘结　本病是新生驴驹或骡驹的常发病。

病因：多因母驴妊娠后期饲养管理不当、营养不良，使幼驹体质衰弱而引起。

症状：患病幼驹精神不振，腹痛不安，常做排粪动作。严重时疝痛明显，起卧打滚，继则全身无力、卧地直至死亡。

治疗：可用温水1 000mL加甘油20～30mL，或用肥皂水、油剂等进行灌肠。当幼驹不安、使劲努责时停止灌注，进行推拿，即可排出干粪。对怀孕母驴加强饲养管理及尽早让幼驹吃足初乳等均可预防该病的发生。

（7）幼驹拉稀　幼驹拉稀是驴最常见的一种疾病。多于出生后1～2个月内发作，且频率较高。若较长期不能治愈，则会造成营养不良、发育迟缓甚至死亡。

病因：本病病因较多。如给母驴饲喂过量蛋白质饲料，造成乳汁浓稠，引起幼驹消化不良而拉稀；异食母驴粪便、母驴乳房污染或有炎症等均可引起幼驹拉稀。

症状：腹泻为本病的主要症状。起初粪稀如浆，后则呈水样并混有泡沫及未消化食物。病驹精神不振、喜卧、食欲消失，一般无全身症状。但若是由致病性大肠杆菌引起的细菌性拉稀，病驹则腹泻剧烈，体温升高至 40℃ 以上，呼吸加快，脉搏疾速，肠音减弱，粪便腥臭，并混有黏膜及血液。若不及时治疗，易发生脱水，表现为眼球凹陷，口腔干燥，排尿少而浓调，进而表现极度虚弱，反应迟钝，四肢末端发凉甚至死亡。

治疗：轻症腹泻可选用胃蛋白酶、乳酶生、酵母、稀盐酸、0.1% 高锰酸钾和木炭末等内服，以调整和恢复胃肠机能；重症可选下列抗菌消炎药内服：磺胺脒或长效磺胺，每千克体重 0.1～0.3g；黄连素每千克体重 0.2g；必要时可肌内注射庆大霉素和补液解毒。在日常饲养管理中，搞好圈舍卫生和消毒工作、给哺乳母驴饲喂全价饲料、加强幼驹运动均可预防本病的发生。

二、肢蹄病

1. 蹄叶炎　蹄叶炎是蹄壁真皮，特别是蹄前半部真皮的弥漫性非化脓性炎症。常见两前蹄同时发病，也有两后蹄或四蹄同时发病。驴偶有发病且多见于种公驴。

病因：消化不良、饲料单一、精饲料过多、运动后饮冷水、继发肠炎等均可致病。

症状：①两前蹄发病，站立时两前肢伸向前方，蹄尖翘起以蹄踵着地负重，头颈高抬，体重心后移，拱腰，后躯下蹲，两后肢伸向腹下负重。强迫其运动时，步子急速而短促，呈时走时停的紧张步样，甚至两后肢呈蹲坐姿势。②两后蹄发病，站立时头颈低下，两前肢后踏以分担后肢负重，两后肢各关节屈曲，并以蹄踵踏向前方来减轻蹄尖负重。强迫其运动时，两后肢步幅急速短小，步样紧张同时小腹上收。触诊病蹄指（趾）动脉，脉搏亢进，蹄温增高，叩打蹄前壁有剧烈疼痛表现。急性发病时，由于疼痛而引起肌肉震颤，出汗，体温升高至 39～40℃，脉搏增加，呼吸促迫，心跳加快。慢性发病则逐渐形成芜蹄。

治疗：治疗该病的根本是除去病因、减少渗出、缓解疼痛以及促进机体解毒。发病最初 1～2d 内，对病蹄施行冷水冲洗，使病蹄站立于冷水中，或用棉花绷带缠裹病蹄，再用冷水持续灌注，每天数次，每次 1～2h，2d 后改为温脚浴（水温 40～45℃），每天 2 次，每次 1.5～2h。也可用热酒糟或醋炒麸皮等（40～55℃）温包病蹄，每天 1～2 次，每次 1～2h。因饲料和胃肠病引起的蹄病，可用硫酸钠轻泻。因风湿引起的，可用水杨酸制剂。

2. 蹄叉腐烂　蹄叉腐烂是蹄叉角质被分解、腐烂，同时引起蹄叉真皮层发炎的炎症。

病因：圈舍不洁、地面潮湿、粪尿等污物长期侵蚀蹄叉角质、运动不足、削蹄或装蹄不当等均可引发此病。

症状：蹄叉角质腐烂，可见蹄叉角质变灰色，易脱落，并流出恶臭的暗灰色腐败液体。蹄角质崩溃时，露出蹄真皮。严重腐烂时，可引起明显跛行和蹄变形。

治疗：彻底削去腐烂的角质及污物，用3％来苏儿水、双氧水、1％硫酸铜溶液或1％高锰酸钾溶液彻底清洗，然后在蹄叉沟处涂以5％碘伏，再灌入热松馏油，并用松馏油棉球塞紧，必要时可用绷带包扎；或在洗净患部填塞高锰酸钾粉，并装上蹄绷带，隔3～4d换1次药，一般2～3次即可治愈；也可采用碘片松节油疗法，即用棉花包1～2g碘片，塞入已彻底洗净的腐烂部，用注射器吸入10～30mL松节油，滴注于棉花上，隔3～5d重复1次，疗效较好。

三、中毒性疾病

1. 有机磷农药中毒　驴因误食或接触喷洒过有机磷农药的饲草，致使有机磷农药通过消化道、呼吸道及皮肤进入机体而引起中毒。常见的有机磷农药有1605（对硫磷）、1059（内吸磷）、3911（甲拌磷）、敌敌畏、敌百虫及乐果。

症状：轻度中毒者表现恶心、呕吐、全身乏力。严重中毒者出现肌肉痉挛、震颤，食欲废绝，排稀粪或粪尿失禁，脉搏加快，呼吸困难，全身大汗，瞳孔缩小，视觉模糊，全身抽搐，常在肺水肿和心脏停搏的情况下死亡。

治疗：①特效解毒。常用的特效药品是阿托品、解磷定。解磷定的剂量为每千克体重15～30mg，以生理盐水配成5％溶液缓慢静脉注射，同时皮下注射1～2mL 1％硫酸阿托品，疗效较好。②其他疗法。如驴体表沾染农药，可用肥皂水洗刷皮肤，如系误食应立即用3％碳酸氢钠液或食盐水洗胃并灌服盐类泻剂。

2. 霉玉米中毒　本病是由于饲喂霉玉米所引起的以神经症状为主要表现的一种中毒病。驴对霉玉米中毒特别敏感。在玉米收获季节又遇阴雨连绵时多发。其致病原因为寄生于玉米粒中的念珠状镰刀菌会产生的一种有毒物质。

症状：病初一般体温正常，但食欲减退，精神不振，呆立不动，或四肢运动失调。进而出现神经症状如口唇松弛、舌露口外、失明、垂头呆立或以头抵物呈昏睡状态、流涎、精神高度沉郁，有时狂躁不安，前冲后退或转圈，最后倒地，四肢乱蹬，直至死亡。

治疗：静脉注射葡萄糖生理盐水、10%～20%葡萄糖及40%乌洛托品液。起强心解毒作用，可内服硫酸钠或人工盐缓泻以促进毒物排除。缓泻后，灌服淀粉浆保护胃肠黏膜。有并发症时可用抗生素。

四、产科疾病

1. **驴妊娠毒血症**　驴妊娠毒血症是母驴怀孕后期的一种代谢紊乱疾病，病因是由于缺乏青绿饲料，饲草质劣，精饲料太少，种类单一，尤其是蛋白质饲料少，品质差，加上不使役、不运动，导致肝脏机能失调，形成高血脂及脂肪肝，有代谢产物排泄不出，从而造成全身中毒病。

症状：主要临床症状是产前不食，致使病情逐渐恶化，可分为轻症和重症两种。

（1）轻症症状　精神不振、不喜走动、食欲减退，有的不吃料仅吃少量草，有的则相反。口色湿润或较红、口干、舌无苔。排粪大多正常，有的粪球干黑，有的带有黏液，有的粪便稀软，有的干稀交替。尿少、色黄。结膜鲜红或潮红，心跳加快，体温基本正常。

（2）重症症状　有的食欲废绝或食欲渐减，甚至突然拒食，有的有很强选择性地吃几口未吃过的草料，咀嚼不利，下颌左右摆动，有时用齿啃草而非用唇将草送入口内。结膜暗红或污黄色，口干燥，少数流涎。个别严重病例可见结膜及舌底微黄。粪球干黑，得病后期排粪干稀交替，味极臭，多数呈暗灰色或黑稀水。尿少、色黄，精神极度沉郁，头低耷耳，呆立不动或卧地不起，颈静脉怒张，波动明显，肠音极弱或消失。重症母驴分娩时阵缩无力，难产较多，有时流产。患病母驴一般在产后即开始恢复食欲，也有的2～3d后开始好转，有时发生早产，也有的母驴持续到分娩即母子双亡，少数母驴产后死亡。

治疗：由于该病病情十分复杂，致病因素尚未十分明确，所以治疗比较复杂、困难。本病最根本的治疗措施是加强妊娠母驴的饲养管理，提高日粮营养水平，尤其是蛋白质、维生素。同时要使母驴加强运动，并加强护理，粗放管理可使病情恶化。由于病驴产前不食，导致分娩时虚弱，阵缩无力，流产、难产及胎儿出生后死亡较多。因此应尽可能使其每天能吃几口草料，饲料要多样化，注意补充青饲料，分娩时特别注意观察和助产。此外，母驴分娩后有时发生肠变位或腹痛，应注意护理并及时治疗。

预防：改善母驴的饲养条件，饲料配方力求全面，并按孕驴生理特点给予补料，对妊娠后期的母驴应使其适当运动。产前1~2个月，应定期检测血脂及尿酮，尽量做到早发现、早处理。

2. 黄体囊肿　卵泡壁上的细胞黄体化后，黄体细胞退化和分解形成黄体囊肿。

病因：在破裂的卵泡腔内发生长时间的出血而不能形成黄体。

症状：主要表现为性欲缺乏，长期不见发情。直肠检查时，囊肿的大小不一，直径为7~15cm，卵巢变大呈球状，触压波动明显，有时稍有痛感，囊肿消散缓慢（数月至数年）。

治疗：首先应该改善饲养管理，这对年轻而囊肿不大的病驴效果尤其显著，其囊肿能在4~5周自行消散，且卵巢机能也能随后恢复。其次取肾棚、肾俞等穴进行电针疗法，疗效较好。最后可采取激素疗法，即用氯前列烯醇0.12~0.25mg肌内注射，必要时隔7~10d再行注射，或用200~300 IU的FSH肌内注射，2~3d注射1次，3次为1个疗程。

预防：配种季节，应给母驴补充富含维生素K的饲料（如青苜蓿、松树叶等）。发情期，防止重役和剧烈运动。

3. 胎衣滞留　胎儿产出后一定时间内胎衣不能排出的一种家畜产科疾病。胎衣不下一般虽不致引起死亡，但常可引起子宫内膜炎导致后期配种困难。引起胎衣不下的直接原因多数是产后子宫肌收缩无力，而这一般是由于妊娠期胎盘发生炎症或是单胎家畜怀双胎，胎水过多、胎儿过大发生难产引起子宫过度扩张，产后阵缩微弱而造成。流产和早产也容易引起胎衣不下，这与胎盘上皮未及时发生变性及雌激素不足、孕酮含量过高有关。此外妊娠期母驴运动不足、过度肥胖，饲料中缺乏钙等矿物质或维生素也会导致胎衣不下。

治疗：包括药物处理和手术剥离。

(1) 药物处理　驴的胎衣不下，不建议马上进行剥离治疗。开始时，如果露出胎衣过长（超过膝关节），应首先将胎衣打成一个结，以防止胎衣与跗关节接触，或被母驴踩到将子宫拽出。然后可以用普通矿泉水瓶装满水，用绳子将其拴系在露出的胎衣上，拴系位置在距离阴门处 10cm。最后肌内注射催产素，注射量为 20~40IU，过量使用催产素会引起子宫平滑肌痉挛而无法排除胎衣。可以在第 1 次使用 1 天后重复使用一次。

（2）手术剥离　手术剥离需要注意两点：①剥离应尽量避免细菌污染。②剥离不可强行进行，用力须谨慎，因为用力过大会引起子宫脱出或是子宫受损，进而导致大出血。剥离时，先将母驴保定，避免踢伤，将尾巴拉到一侧固定。之后彻底清洗母驴的外阴和后驱，戴上长臂手套，抓住露出的胎衣，将胎衣拧成绳索状。手涂抹润滑剂后沿着胎衣进入子宫内，用指尖轻轻在子宫内膜和绒毛膜之间按压，慢慢剥离胎衣。剥离之后需要进行抗生素治疗，避免出现子宫内膜炎，如果有必要，应每天冲洗子宫 1~2 次，冲洗时可用 2~4L 无菌温生理盐水，一直到回流液清澈为止，冲洗时可以结合催产素使用。

五、新生驹疾病

脐炎

病因：产驹时断脐不当，未经消毒或消毒不彻底等均可引起脐部感染发炎。

症状：脐部疼痛，幼驹经常弓腰，不愿行走，脐孔周围组织充血肿胀，有时形成脓肿，甚至在脐孔处形成瘘孔，可挤出少量有臭味的脓汁，挤压时幼驹表现疼痛。最终毒素及化脓菌侵入肝、肺、肾及其他脏器引起败血症。

治疗：局部消毒用碘伏。若形成瘘管则尽可能洗净其内部脓汁，灌注碘仿醚；若形成脓肿，应切开清洗脓腔，撒冰片散；若有坏死，应除去坏死组织。本病完全可以预防，其做法也很简单，即严格、认真消毒脐带断端即可。

第十一章
养殖场建设与环境控制

第一节 养驴场选址与建设

一、养驴场地选择

1. 选址目的 标准化的驴舍建设既要充分利用土地，还要减少基础设施的投入；既要便于生产操作（节省人力、物力，提高生产效率），还要防止疾病的传播和交叉感染。驴场的选址，应满足交通运输要求，以及能够为驴群创造良好的生长环境，保证驴的福利，还要提高驴的生产性能等。

2. 选址原则

（1）建设用地应符合当地村镇建设发展规划和土地利用发展规划的要求。土壤符合 GB 15618 的相关规定。

（2）场址选择符合 GB 19525.2 评价标准，并利用该标准进行畜禽场的环境质量和环境影响开展评价工作。

（3）场区参照《畜禽场场区设计技术规范》（NY/T 682）的要求进行选址。应符合本地区农牧业生产发展总体规划、土地利用发展规划、城乡建设发展规划和环境保护规划的要求；新建场址周围应具备就地无害化处理粪尿、污水的足够场地和排污条件，并通过畜禽场建设环境影响评价；选择场址应遵守珍惜和合理利用土地的原则，不应占用基本农田，尽量利用荒地建场。分期建设时，选址应按总体规划需要一次完成，土地随用随征，预留远期工程建设用地。

（4）驴场选址还要符合《动物防疫条件审核管理办法》的要求，距铁路、高速公路、交通干线不小于 1 000m；距离生活饮用水源地、动物屠宰加工场所、动物和动物产品集贸市场、一般道路 500m 以上；距离种畜禽场 1 000m 以上；距离动物诊疗场所 2 000m 以上；动物饲养场之间距离不小于 500m；距离动物隔离场所、无害化处理场所、居民区 3 000m 以上。

（5）场址应水源充足，水质应符合 NY 5027 和 GB 5749 要求，备有水贮存设施或配套饮水设备，且取用方便。

（6）驴场最好建在地势平坦、干燥、向阳背风、空气流通好、地下水位低、易于排水的地方；土质最好是沙性土壤，透水透气性好；场区需要设置 2%～5% 的排水坡度，用于排水、防涝；如在山区建场，宜选在向阳缓坡地带，坡度小于 15%，平行等高线布置，切忌在山顶、坡底谷地或风口等地段建场。场址尽量选择在水、电、路均通，就近饲草料生产基地的地方，以方便饲养管理和节省生产成本。可以就近利用废旧的厂房或者农舍，稍加改造后进行养驴。

二、驴舍建设的总体布局

一般驴场按功能分为 3 个区，即生产区、管理区、职工生活区。分区规划首先从人驴保健的角度出发，使区间建立最佳生产联系和环境卫生防疫条件。合理安排各区位置，考虑地势和主风方向。参照《畜禽场场区设计技术规范》（NY/T 682）及《畜禽场环境质量及卫生控制规范》（NY/T 1167）的要求进行合理布局。

1. 职工生活区　职工生活区（包括居民点）应在全场上风口和地势较高的地段，依次为生产管理区、饲养生产区。这样配置使驴场产生的不良气味、噪音、粪便和污水不致因风向与地表径流而污染居民生活环境，且可避免人畜共患疫病的相互影响，同时也为防止无关人员进入而影响防疫。

2. 管理区　驴场的经营活动与社会有密切的联系。在规划时应有效利用原有的道路和输电线路，充分考虑饲料和生产资料的供应、产品的销售等。奶、肉制品加工制作是驴场经营的组成部分，应独立组成加工生产区，不应设在饲料生产区内。产供销的运输与社会联系频繁，为防止疫病传播，场外运输车辆严禁进入生产区。汽车库应设在管理区。除饲料库以外，其他仓库也应设在管理区。管理区与生产区应加以隔离，外来人员只能在管理区活动，不得进入生产区，故应通过规划布局采取相应的措施加以隔离。

3. 饲养生产区　饲养生产区是驴场的核心，对生产区的规划布局应给予全面细致的考虑。驴场经营如果是单一或专业化生产，饲料库、驴舍以及附属设施也就比较单一。饲料的供应、贮存、加工调制是驴场的重要组成部分，与之有关的建筑物的位置的确定必须兼顾饲料由场外运入、再运到驴舍进行分发这两个环节。与饲料运输有关的建筑物，原则上应规划在地势较高处，并应保证防疫卫生安全。

第二节　驴场建筑的基本原则

养驴业正朝着集约化、规模化的方向发展，中小企业建设养驴场要执行以下两个原则，以促进驴养殖的快速发展，创造更多的效益。

1. 可执行性与简单原则　可执行性是中小企业建养驴场的战略设计的第一原则。对中小企业来说，战略设计可以从简单的"做什么""怎么做"开始，只要能落实到执行层面，就能对驴养殖的发展产生积极的促进作用；另外，要避免走入大而空的误区，使战略设计与中小企业的灵活性特点相结合，追求简单实效，便于及时调整。

2. 跟踪与检讨原则　战略设计不是一次性工作，它需要企业对驴成长情况进行及时的跟踪与检讨，这样一方面能防止养驴战略实施出现偏差并及时洞察市场变化，另一方面能使中小企业的行为逐渐被纳入战略范畴内，得到进一步的约束和规范。

第三节　设施设备

1. 清粪通道　清粪通道也是驴进出的通道，多修成水泥路面，路面应有一定坡度，并刻上线条防滑。清粪道宽 1.5～2m。驴栏两端也留有清粪通道，宽为 1.5～2m。

2. 饲料通道　在饲槽前设置饲料通道。通道高出地面 10cm 为宜。饲料通道一般宽 1.5～2m。

3. 驴舍门　驴舍通常在舍两端，即正对中央饲料通道设两个侧门，较长驴舍在纵墙背风向阳侧也设门，以便于人、驴出入，门应做成双推门，不设槛，其大小为（2～2.2）m×（2～2.2）m 为宜。

4. 运动场　饲养种驴、驴驹的驴舍应设运动场。运动场多设在两舍间的空余地带，四周栅栏围起，围栏高 1.4～1.5m，在距离地面 0.5m 和 1.0m 处各设置中间隔栏，将驴拴系或散放其内。每头驴应占面积为：成驴 15～20m²，育成驴 10～15m²，驴驹 5～10m²。运动场的地面以三合土或砂质为宜，铺平、夯实，中央高，四周呈 15°坡度，围栏外一面挖明沟排水。在运动场边设置水槽，加盖防雨罩防止驴喝雨水腹泻。

5. 补饲槽　应设置在运动场一侧，其数量要充足，布局要合理，以免驴争食、顶撞。

6. 驴床　驴床是驴吃料和休息的地方，驴床的长度依驴体型大小而异。一般的驴床设计是使驴前躯靠近料槽后壁，后肢接近驴床边缘，粪便能直接落入粪沟内即可。成年母驴床长 1.8～2m，宽 1.1～1.3m，建议建筑面积为 3～4m²/头。种公驴床长 2～2.2m，宽 1.3～1.5m，种公驴单独饲养。育肥驴床长 1.9～2.1m，宽 1.2～1.3m；6 月龄以上育成驴床长 1.7～1.8m，宽 1～1.2m。驴床应高出地面 5cm，保持平缓的坡度为宜，以利于冲刷和保持干燥。驴床最好以三合土为地面，既保温又护蹄。

7. 饲槽　饲槽建成固定式、活动式均可。水泥槽、铁槽、木槽均可用作驴的饲槽。饲槽长度与驴床宽相同，上口宽 80cm 以上，下底宽 45～55cm，近驴侧槽高 40～50cm，远驴侧槽高 70～80cm，底呈弧形，在饲槽后设栏杆，用于拦驴。

8. 装卸驴台　宽 3m，高 1.3m，底长 5m；坡面用石粉、石灰、土压实。

9. 驴场绿化　驴场周边种植乔木、灌木绿化林带。驴场内生活区、管理区、生产区、无害化处理区等设置隔离林带，不能选择有毒、有刺、飞絮等树种。运动场设遮阳林，选择枝叶开阔、生长势强、冬季落叶后枝条稀少的树种。

10. 配套设施

（1）电力负荷为民用建筑供电等级二级，并自备发电机组；自备电源的供电容量不低于全场电力负荷的 1/40。

（2）道路畅通，与场外运输线路连接的主干道宽度在 5m 以上；通往驴舍、草料棚及贮粪池等的运输支干道宽度在 3m 以上。

（3）兽医室须有单独道路，不得与其他道路混用。

（4）尾对尾式中间为清粪通道，两边各有一条饲料通道；头对头式中间为饲料通道，两边各有一条清粪通道。

（5）场区四周设围墙，分区用绿化隔离带。

（6）驴场消防设施符合 GBJ 39 的规定要求。

（7）饲料库和草棚的建设应符合保证生产、合理贮备的原则；饲料库应满足贮存 1～2 个月需要量；饲料库设防鼠防鸟装置；草棚应满足贮存 3～6 个月需要量；饲料符合 GB 13078 卫生要求。

（8）粪便处理设施排放符合 GB 18596 规定。

（9）入场及入舍消毒操作参照 GB/T 16567 规定设置。

（10）病死驴的深埋或焚烧等处理方式符合 GB 16548 规定要求。

第四节　养驴场的场舍类型

一、养驴场的场舍类型

驴舍可分为敞开式、半开放式和封闭驴舍三种类型，每种类型又有单排和双排两种形式。敞开式为散放式。

1. 半开放驴舍　半开放驴舍三面有墙，向阳一面敞开，有部分顶棚，在敞开一侧设有围栏，水槽、料槽设在栏内，驴散放其中。每舍（群）15～20 头，每头驴占有面积 4～5m²。这类驴舍造价低，可节省劳动力，但冷冬防寒效果不佳。

2. 塑料暖棚驴舍　塑料暖棚驴舍属于半开放驴舍的一种，是近年北方寒冷地区推出的一种较保温的半开放驴舍。与一般半开放驴舍比，其保温效果较好。塑料暖棚驴舍三面有墙，向阳一面有半截墙，有 1/2～2/3 的顶棚。向阳的一面在温暖季节露天开放，寒季在露天一面用竹片、钢筋等材料做支架，上覆单层或双层塑料，两层膜间留有间隙，使驴舍呈封闭的状态，借助太阳能和驴体自身散发热量，使驴舍温度升高，防止热量散失。

修筑塑料暖棚驴舍要注意以下几方面问题：

（1）选择合适的朝向，塑料暖棚驴舍须坐北朝南，南偏东或西角度最多不要超过 15°，舍南至少 10m 内应无高大建筑物及树木遮蔽。驴舍应满足日照、通风、防火、防疫的基本要求。

（2）选择合适的塑料薄膜，应选择对太阳光透过率高而对地面长波辐射透过率低的聚氯乙烯等塑料薄膜，其厚度以 80～100μm 为宜。

（3）合理设置通风换气口，棚舍的进气口应设在南墙，其距地面高度以略高于驴体高为宜，排气口应设在棚舍顶部的背风面，上设防风帽，排气口以 20cm×20cm 为宜，进气口的面积是排气口面积的一半，每隔 3m 设置一个排气口。

（4）有适宜的棚舍入射角，棚舍的入射角应大于或等于当地冬至时太阳高度角。

（5）注意塑料薄膜坡度的设置，塑料薄膜与地面的夹角应在 55°～65°。

3. 封闭驴舍 封闭驴舍四面有墙和窗户，顶棚全部覆盖，分单列封闭驴舍和双列封闭驴舍。单列封闭驴舍只有一排驴床，舍顶可修成平顶也可修成脊形顶，这种驴舍跨度小，易建造，通风好，但散热面积相对较大。单列封闭驴舍适用于小型驴场。双列封闭驴舍内设有两排驴床，两排驴床多采取头对头式饲养；中央为通道，舍宽 12m 以上。驴舍长度为 60～80m，驴床宽度为 3～3.5m。双列式封闭驴舍适用于规模较大的驴场，以每栋舍饲养 100 头驴为宜。

二、驴舍建设结构

驴舍通常采用砖混结构或轻钢彩瓦结构，宽敞明亮，坚固耐用，排水畅通，地面和墙面材质耐酸、碱，便于清洗消毒。

1. 驴舍地面与水料槽 驴床地面应不打滑、不积污水，粪尿易于排出舍外；双排驴舍内中间地面垫宽 3.5～4m、高 0.4～0.5m 的通道，通道两侧预留宽 0.3～0.4m、深 0.15m 与地面平齐的弧形结构作为料槽；单排驴舍一侧地面垫宽 3～4m、高 0.4～0.5m 的通道，驴床侧预留宽 0.3～0.4m、深 0.15m 与内地面平齐的弧形结构作为料槽。

水槽置于驴舍一侧，冬季水槽安装自动加温装置。

2. 驴舍墙壁 驴舍脊高 3.5m，前后檐高 2.5m，最低处不得低于 2m；砖混围墙高 1.24m，一般厚度为 0.24m，高寒地区可达 0.37m，甚至可加保温层。

3. 驴舍房顶 采用双坡或单坡式，钢架彩钢顶结构。高寒区房顶要加厚或加保温层。

第十二章
废弃物处理

第一节　废弃物处理原则

一、相关法律法规及政策规定

污水处理达国家《农田灌溉水质标准》（GB 5084—1992）、《畜禽养殖业污染物排放标准》（GB 18596—2001）后排放。

1. 空气环境质量　选址区域空气质量要好，大气环境满足《环境空气质量标准》（GB 3095—2012）二级标准的要求。

2. 声环境质量　须满足《声环境质量标准》（GB 3096—2008）Ⅱ类标准要求。

3. 地下水环境质量　区域地下水功能为生活饮用水及工农业用水，满足《地下水质量标准》（GB/T 14848—1993）Ⅲ类标准。

4. 生态环境质量　建设项目周围无水源地、文物保护对象和名胜风景区，生态环境质量良好。

二、安全生产与防疫

1. 安全生产

（1）提高对安全生产工作重要性认识，牢固树立"安全第一，预防为主"的观念，把安全生产工作摆上十分突出的位置，采取有力措施，强化管理和防范手段，消除事故隐患，集中精力抓好安全生产。

（2）做好机械操作人员培训，熟练掌握机械的使用与维修，养护好机械，使其在良好状态下运行；制定机械操作规程，要求操作人员严格按照操作规程作业，对违反操作规程者，严肃处理。

（3）炎热季节做好防暑降温工作，准备足够的防暑降温饮料，防止中暑现象发生。

2. 卫生防疫

（1）完善防疫体系，应要求所有人员根据可能接触的生物接受免疫以预防感染，并设立防疫和隔离室。

（2）做好卫生防疫工作，对在动物呼吸、排泄、抓咬，动物实验，动物饲养，动物尸体及排泄物的处置等过程产生的潜在生物危害做好防护工作。

（3）培养工作人员良好的卫生习惯和良好内务行为，培养员工的良好防疫习惯，切实做好卫生工作。

（4）定期组织工作人员学习卫生防疫方面的业务知识，不断增强员工的业务水平。

（5）定期对防疫体系内的建筑物、构筑物消毒，并组织工作人员定期检查防疫体系内部是否存在防疫漏洞。

第二节　废弃物处理模式

一、主要污染物的处理

1. 恶臭气体处理　主要是动物粪便、尿液储存及厌氧发酵过程中挥发的氨和硫化氢等恶臭物质。采用固液分离与干清粪工艺相结合的设施，使粪便、尿液及时排出，减少恶臭气体的产生；在粪便垫料中添加具有吸附功能的添加剂，减少恶臭气体的产生；同时粪污收集池必须封闭处理，发酵装置周围设置绿化带遮蔽臭气，厂区绿化率不得低于30%。

在场区平面布置上，将气味大的构筑物尽量集中布置；场区周边、场内道路两旁应多种植吸臭气的植物。

2. 粪便污水处理　场区产生的污水主要有尿、驴舍冲洗和消毒产生的废水、锅炉定期排放的废水、生活污水等，在场区建设沼气站，采用厌氧生物技术处理养殖粪便和污水，通过沼气的综合利用达到资源化的效果，污水处理达《农田灌溉水质标准》（GB 5084—1992）、《畜禽养殖业污染物排放标准》（GB 18596—2001）后排放。场内雨水采用明沟排放，污水采用暗沟排放。

3. 噪声处理　一是选用噪声达标的优质设备，二是对声强较强的风机类

设备采取隔声或单独设置的方法，并设置消声减震设施，场区噪声达到《工业企业厂界噪声》（GB 12348—1990）Ⅰ类标准。

二、死驴处理

采用深井填埋方式进行处理，填埋井远离生产区，以防止交叉感染，最终达到无害化处理的目的。

第十三章
开发利用与品牌建设

第一节　品种资源开发利用现状

随着人民生活水平的进一步提高，畜牧业越来越受到人们的重视，畜牧业已成为农业生产的重要支柱产业，特别是随着农业产业结构的进一步调整，畜牧业的生产发展显得尤为重要。

德州驴是草食家畜，耐粗饲、适应性好，抗病力强，易管理，易繁殖，放牧及圈养均可，很适合农民饲养，是我国的大型驴种和优秀的地方驴品种。德州驴现已被新疆、陕西、辽宁等 24 个省份引为种畜，同时也给养殖户带来了可观的经济效益。

驴耐粗饲，有直肠子驴的素称，即使牧草不足，也可充分利用秸秆、粮食下脚料等做饲料。玉米、大豆、小麦等各种农作物的秸秆及杂草都可作为德州驴的饲料，养德州驴用粮食等精饲料极少，所以饲养成本低。德州驴饲养技术相对简单，风险小。驴肉在北京、天津、上海、太原、石家庄、锦州、哈尔滨、沈阳、大连等国内市场畅销不衰。比起驴、猪、羊及家禽，德州驴疾病少或基本没有疫病。无论是对农户还是大规模养殖者来说，养德州驴的经济效益都是相当可观的。

第二节　主要产品加工及产业化开发

一、驴肉的加工工艺

1. 驴的屠宰方法　选用合适的屠宰方法首先要确定是否要致晕以及采用

什么方法致晕，驴的屠宰方法主要有传统屠宰法和颈动脉放血屠宰法。

（1）传统屠宰法

①保定与屠杀。将驴放倒后，四肢以绳缚紧，使后躯抬高、前躯放低，头向后用力扳住，先以洁净水把喉头下方颈部的被毛、皮肤洗净，用较长的屠刀上下拉动使颈部皮肤、两侧颈静脉、两侧颈动脉全部切断，放血（勿切断食道和气管）。

②接血。驴血量约占体重的8％，是可口的食物。驴血烘干制成血粉可作为畜禽的动物性蛋白质饲料。如供人食用，可用一较大的干净铁盆，根据驴的体重先加入清洁凉水5～7kg，然后按水＋血量的1％～2％放入食盐，搅匀使溶解，放于驴颈放血处的下面，当驴血流出后，以干净的手不断搅拌，使血、水充分混匀，放血完后将所接的血分成若干小盆，每盆1～2kg出售，或切成10cm左右见方、厚5cm的块，放入80～90℃（勿使沸腾）的热水中煮熟后出售。驴血做驴血汤，驴血烧豆腐，是吃火锅的好原料，其爽口、不腻、营养丰富，有补血功效。

（2）颈动脉放血屠宰法　健康驴的血清、血浆都可作为生物药品生产的原料，有很好的开发前景。

①宰驴放血。将驴四肢缚住后安全保定，颈部剃毛消毒，以无菌手术刀在颈部上1/3与中1/3交界处的颈静脉沟上方纵行切开皮肤，在其下方分离出颈动脉，在分离出的颈动脉上下相距约10cm处各用一把止血钳钳住，然后纵切一小口直至动脉管壁的内皮，将灭菌放血导管插入向心端的动脉血管内，以丝线把血管与放流导管扎紧，取掉近心端的止血钳，使血流沿装血瓶的壁流入（勿使泡沫产生）。

②分离血清。如分离血清，不加抗凝剂，分离出的血清可供其他病驴治病时输血；如分离血浆，可在瓶内先放入抗凝剂0.38％～4％柠檬酸钠溶液，加入量为血液量的1/9，10％氯化钙溶液，加入量为血液量的1/9。

血液保存液配方：柠檬酸钠14g、柠檬0.5g、葡萄糖35g、蒸馏水100mL，按每100mL血液加入本液25mL。这种保存液不仅能抗凝，而且能提供能量，在4℃储存29d，红细胞存活率仍可保持70％。柠檬酸钠注射液配方：柠檬酸钠235～265g、氯化钠0.8～0.9g，加蒸馏水100mL，加入量每100mL血液加本液10mL。

放血时，使血沿瓶壁流入，接血的同时轻轻摇晃，使血与抗凝剂混匀，直到驴死亡，不再出血为止，未加抗凝剂者放凉处静置，其上清液就是血清；加抗凝剂者静置或离心沉降后，其上清液就是血浆。

（3）宰后检验　通常包括头部检验、内脏检验及肉尸检验等内容。除病检以外，肉尸检验十分重要，可判定放血程度，是评价肉品卫生质量的重要标志之一。放血不良，导致皮下静脉血液滞留，肌肉颜色发暗。当切开肌肉时，切面上可见到暗色区域，挤压切面有少量血液流出。肉尸放血程度的好坏除与疾病有关外，还取决于致晕和放血方法是否正确，当然与驴宰前过度疲劳也有关系。

2. 活驴屠宰及驴肉加工工艺流程（图13-1）

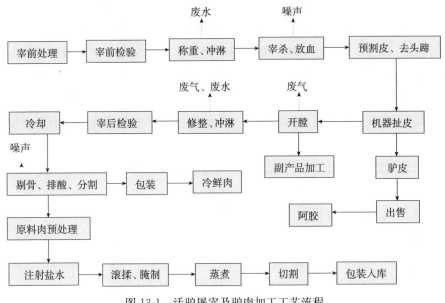

图 13-1　活驴屠宰及驴肉加工工艺流程

屠宰工艺说明如下：

（1）宰前处理　通过检疫的安全活驴在屠宰当天被运到厂区。

（2）宰前检验　对活驴进行一次普查，确保其健康，是保证产品质量的有效措施。

（3）称重、冲淋　经宰前检验后合格的活驴由人沿着指定的通道牵到地磅上称重。而后用温水进行冲淋，以减少屠宰过程中驴身上的附着物对驴胴体的污染。

（4）宰杀、放血　从驴喉部下刀割断食管、气管和血管进行放血。

（5）预剥皮、去头蹄　人工预剥头皮并去头。

（6）机器扯皮　用扯皮机滚筒上的链钩钩住驴的颈皮，然后由两人分别站在扯皮机两侧的升降台上，启动扯皮机并不断地插刀，修整皮张，防止扯坏皮张或皮上带肉和脂肪。扯下来的整张驴皮外售。

（7）开膛　驴屠体进行开膛，其内脏（心、胃、肠等）用于加工驴肠等附件熟食。

（8）修整、冲淋　修整范围包括割驴尾、扒下肾脏周围脂肪、修伤痕、除淤血、修整颈肉、割除体腔内残留的零碎块和脂肪，然后冲淋洗去残留血渍、毛等污物。

（9）宰后检验　将驴的胴体、驴头、内脏、蹄等实施同步卫生检验。

（10）冷却　符合鲜销和有条件食用的合格驴胴体送入冷却间冷却。

（11）剔骨、排酸、分割　剔骨是在操作间内对驴前、驴后进行剔骨。剔骨后在排酸车间排酸，低温冷冻。分割，将驴胴体分割为颈部肉、前腿、里脊、花腱等。

（12）包装　分割好的成品进行包装。分割肉修割下的碎肉作为熟食加工的原料外售。

（13）原料肉预处理　将健康的驴肉与处理蹄筋腱、淋巴等结缔组织，切割成大小为 100g 左右的块，尽量保持重量一致。

（14）注射盐水（按 100kg 原料肉计）　先制备盐水，淀粉 5kg，大豆分离蛋白 2.5kg，混合粉 3kg，食盐 3kg，白糖 2.5kg，卡拉胶 1kg，亚硝酸盐 11g，D-异抗坏血酸钠 50g，白胡椒 1kg，冰水适量。然后采用多针头注射机对驴肉块反复多次注射上述盐水，注入肉块的不同部位。

（15）滚揉、腌制　将肉块放入真空滚揉机内，滚揉 10min，停机 20min，滚揉总时间为 1～3h。

（16）蒸煮　在夹层锅内加入老汤，并放入辅料袋加热，待水升温至小沸，持续 30min，将腌制好的驴肉加入锅内，快速升温至沸腾后小火煮制，持续时间为 25～40min，直至大块的肉块不夹生才能出锅。

（17）切割　煮制好的肉冷却后切割进行真空包装。

（18）包装入库　灭菌后的产品冷却后装箱入库待售。

运营期间污染因素分析：

（1）废气　废气主要污染源为液化石油气燃烧废气、蒸煮间的油烟、屠宰车间和污水处理站的恶臭。主要污染因子为烟尘、SO_2、油烟废气、恶臭气体。

（2）废水　主要包括生产废水和生活废水。生产废水包括活驴宰杀前的冲淋废水、开膛后内脏冲洗废水、车间地面冲洗含血废水和蒸煮间补给水；生活废水包括员工生活废水。生产废水和生活废水经管道排入污水处理站，处理达标后输送至污水处理厂处理。

（3）噪声　主要是活驴宰杀前的鸣叫声、车间设备噪声和污水处理站水泵、鼓风机噪声等。

（4）固体废物　主要是驴在厂区短暂停留产生的粪污、隔油池动物油脂、员工生活垃圾和污水处理站污泥。

3. 屠宰率　屠宰率是衡量驴产肉量最主要的指标。屠宰率越高，肉的品质也越好。肉用驴屠宰率最高可达54％，出肉率较高。

测定驴的屠宰率时，驴应空腹24h以后屠宰（饮水照常）。驴的屠宰率为不计内脏脂肪重量的新鲜胴体重与宰前活重的百分比。胴体重，即屠宰的驴除去头、四肢（从前膝关节和飞节截去）、皮、尾、血和全部内脏，而保留肾和其周围脂肪的重量。

净肉率为除去骨和结缔组织的胴体重与宰前活重的百分比。驴的屠宰率与净肉率的计算公式如下：

$$驴的屠宰率（\%）＝新鲜胴体重/宰前活重×100$$
$$驴的净肉率＝净肉重/宰前活重×100$$

驴的屠宰率的高低，品种并非是决定的因素。关键在于：

（1）膘度　膘度好的驴屠宰率高。

（2）育肥方法　驴以优质草料育肥70d，屠宰率可高达51.5％。

（3）季节　驴秋季育肥比冬季育肥的效果要好。秋季育肥屠宰率达48.2％，而冬季育肥，屠宰率仅为36.38％～37.59％。

（4）年龄　老残驴育肥效果比青壮龄育肥驴效果要差。

（5）生产方式　放牧驴的消化器官重量比舍饲驴重，因而前者比后者的屠宰率要低。但是在幼驹阶段，因消化器官还未完全发育，屠宰率的差异表现得不明显。

此外，为了评定出肉率，胴体、骨骼、肌肉、脂肪之间的比例也很重要。一定量的脂肪不仅能保证肉有很好的风味，而且也可以防止贮存、运输、烹调加工时过分干燥。评定肉品时，胴体截面的对比也有一定意义。

二、驴奶的开发与利用

驴奶是一种低脂肪、低胆固醇、高钙、富硒、美容、抗衰老的天然乳品，驴奶中各营养成分的比例最接近人乳，被称为最接近母乳的乳中珍品。其脂肪含量比牛奶略低，胆固醇的含量仅为牛奶的15%；维生素C的含量高，为牛奶的4.75倍。驴奶中氨基酸种类齐全，其中必需氨基酸含量高，占蛋白质总量的46.7%，远高于牛奶的42.2%和人乳的38.1%。此外，驴奶中微量元素含量充足，钙含量丰富，尤其是硒的含量较高，为牛奶的5.2倍，与我国目前《富硒食品含硒量标准》相比，属于富硒食品，所以驴奶具有强身健体、延年益寿等众多功效。由于驴奶活性成分需要在低温的环境下保存且保存时间也较短，因此需要在低温条件下将驴奶制作成奶粉，以延长保存时间，并利于携带、运输。在目前的驴奶奶粉生产中，10～11kg驴奶才提炼出1kg奶粉，远高于每8kg牛奶提炼1kg牛奶粉的标准。驴奶粉的生产过程中往往容易出现奶管管道堵塞和微生物超标的问题，这样不仅导致驴奶粉出料率低，而且造成驴奶粉的营养成分缺失和浪费，大大增加了驴奶粉的生产成本。

1. 驴奶粉的加工工艺 引自国家发明专利《驴奶粉的加工工艺》：CN201310655737.2。

（1）驴奶验收 抽取新鲜驴奶，对驴奶中的微生物、亚硝酸盐、硝酸盐含量进行测量，选取微生物小于20万个/mL，亚硝酸盐含量小于0.15mg/kg，硝酸盐含量小于10mg/kg的驴奶为原料奶。

（2）原料奶储存 将检测合格的原料奶用板式换热器迅速冷却至4℃后收入储奶罐中，储存温度保持3～5℃，备用。

（3）粗过滤 先将原料奶经60～100目的绢布过滤，然后放入净乳机中除去驴奶中的细小杂质，对杂菌数量进行测量，选取杂菌数小于5万个/mL的驴奶，备用。

（4）配料 在过滤后的驴奶中加入天然胡萝卜素和可溶性膳食纤维，边加入边搅拌。

（5）灭菌 将配料后的驴奶放入板式热交换器中进行巴氏低温灭菌，温度控制在75～85℃，时间20～30min。

（6）二次过滤 将灭过菌的驴奶放入过滤器中再次过滤。

（7）预热　将二次过滤后的驴奶放入预热罐中预热，预热温度保持在40～50℃。

（8）均质　将预热过的驴奶放入均质机中均质，使脂肪球变小，压力控制在14～21MPa，温度控制在50～60℃。

（9）三效浓缩　将均质过的驴奶放入蒸发器中进行减压三效浓缩，除去驴奶中65%的水分，使原料奶的浓度为原来的40%～50%，体积为原来的1/4～1/3，三效浓缩的时间为3～4.5h，温度为45～72℃。

（10）喷雾干燥　将浓缩后的驴奶放入干燥塔中进行喷雾干燥，通过离心式喷雾器将浓缩物分散为细小雾状的奶滴，奶滴直径为10～15mm，然后在分散的细小雾状奶滴中送入温度为140～160℃的热风，使奶中的水分瞬间蒸发，奶滴被干燥成球形颗粒落入干燥室底部，形成驴奶粉，最后将奶粉颗粒与干燥空气分离，整个干燥过程控制在20～40s。

（11）冷却　将驴奶粉进入冷却床进行冷却，冷却温度为40℃以下。

（12）筛粉　将冷却后的驴奶粉进行震动筛选，筛选后的驴奶粉进入粉车。

（13）包装　将粉车内的驴奶粉经过真空上料系统进入自动包装机中进行自动包装。

2. 冻干驴奶粉　为保证驴奶中活性蛋白质之类不会发生变性或失去生物活力，使得驴奶粉保持原有的营养成分及特殊功能，现多采用冻干技术，在低温下进行驴奶粉制作。

冻干技术不同于普通的干燥方法，产品的干燥基本上在0℃以下进行，即在产品冻结的状态下进行，直到后期，为了进一步降低产品的残余水分含量，才让产品升至0℃以上，但一般不超过40℃。

冻干技术就是把含有大量水分的物质，预先进行降温冻结成固体，然后在真空的条件下使水分直接升华，而物质本身剩留在冻结时的冰架中，因此它干燥后体积不变，疏松多孔。水分在升华时要吸收热量，引起产品本身温度的下降而减慢升华速度，为了增加升华速度，缩短干燥时间，必须要对产品进行适当加热。整个干燥是在较低的温度下进行的。

冻干驴奶粉的系统加工装置主要包括化冰罐与胶体磨组件、卫生泵、过滤组件、高压均质组件、板式杀菌组件、冷凝组件、过热水加热组件、真空浓缩罐、冷却罐、加料组件、真空冻干组件等，各加工组件依次连接，化冰罐和冷却罐选用夹层式圆筒形罐体结构，化冰罐、真空浓缩罐和冷却罐底部均与外置的清洗系统连接。经过预先处理的驴奶通过出料管由加料组件送入真空冻干组件进行冻干加工，成为冻干驴奶粉。

三、驴皮的开发与利用

1. 阿胶的历史记载及适用人群　阿胶是以驴皮经煎煮、浓缩制成的固体胶，为名贵中药，与人参、鹿茸并称为中药三宝。据考证，汉《神农本草经》已有"阿胶"之名。唐《本草拾遗》云："诸胶俱能疗风……而驴皮胶主风为最。"宋《重修政和经史证类备用本草》言："造之，阿井水煎乌驴皮如常煎胶法。"至明代，李时珍《本草纲目》中记载："阿胶，本经上品，弘景曰，出东阿，故名阿胶。"阿胶适用于各类贫血患者、放化疗前后的肿瘤患者、久病体虚者、月经不调者、孕妇、中老年人、脑力劳动者以及重体力劳动者（运动员）等服用。

2. 阿胶的生产　整个生产过程可归纳为原料炮制、提取胶汁、澄清过滤、浓缩出胶、凝胶切块、胶块晾制、擦胶印字、胶块灭菌、包装入库等。大致生产程序如下：选择整张驴皮，采用泡皮池、转鼓或其他设施设备进行泡皮回软，用饮用水将驴皮浸泡至胶质层吸水膨胀、皮色发白、柔软，用饮用水将浸泡后的驴皮清洗干净，洗净的驴皮除去驴毛及内层附着的油、肉；将驴皮切割成适宜大小的皮块，将皮块置于蒸球化皮机内（或其他适宜容器），加适量的食用碳酸钠，用热水进行焯洗，焯洗完成后用水反复冲洗至冲洗水清澈，进一步去除油脂等热溶性杂质；精制后的驴皮加水煎取胶汁，提取后的胶汁依次通过过滤筛网、双联过滤器、脱汽罐、过滤罐，实现胶汁分离，完成初步净化，再按顺序过滤加入冰糖溶液、豆油、黄酒等辅料，与胶液混合均匀。将胶液与辅料的混合液进行浓缩，浓缩至胶液挂旗时，停止加热，塌锅，出胶至胶箱内。出胶后，胶膏在室温下冷凝，冷凝后的胶坨称重，切制成规定规格的胶片，灭菌后的擦胶布用热纯水洗过后，包住胶块两大面，将胶块六面擦光、擦亮，拉出直纹，将擦好的胶块晾至表面不粘手后，印上要求的文字及图案，将印字后的胶块烘干，备用。

3. 驴皮的真伪鉴别　目前，国内市场上常见的驴皮伪品有马皮、骡皮、小黄牛皮、小水牛皮、山羊板皮、绵羊皮等，但以马皮、骡皮、牛皮混入者较多。目前多用以下三种方法来鉴别。

（1）传统性状鉴别方法　整张驴皮略呈长方形，驴头皮较长，耳大且较宽，耳长 12～25cm，耳内侧呈灰白色或血红色，较光滑。躯干皮长 80～

160cm，宽 55～140cm；四肢对称生长于躯干两侧，长 40～60cm，宽 10～
20cm，小型驴腿表面有横斑；外表皮被毛细短，有纯黑色、皂黑色、灰色、
青色、栗色等，但多为灰色或黑色，除黑色或其他深色外，多数中间有一暗黑
色背线，肩部有暗黑色肩纹，略似十字形（俗称"鹰膀线"）；多数后腹部两
侧无毛旋，少数有毛旋且不明显，腹部多呈灰白色；尾部呈圆锥形，基部直径
为 2～5cm，尾长 28～46cm，从尾根部约总长的四分之三处有短毛，尾梢部的
四分之一处有少量长毛；腿皮窄长，前腿上部的内侧皮内有无毛斑块（俗称
"夜眼""附蝉"），多呈圆形或椭圆形，呈黑色。而马后腿上部的内侧皮内的
无毛斑块形状多样，颜色也多样。

（2）物理鉴别方法　马皮、骡皮与驴皮毛色、性状相近，性状鉴别困难
时，可辅以下法来进一步区分。手试法：用手揭之，驴皮不易分层，强力撕开
后分层处呈网状；而马皮、骡皮易分层，分层处呈片状。水试法：用开水烫
之，驴皮易脱毛，而马皮、骡皮不易脱毛。火试法：用剪刀剪下一小块皮，置
火焰上燃烧，驴皮可闻到较强的腥味，驴皮质量越好，腥味越大；而马皮、骡
皮燃烧时腥味小，焦臭味强。

（3）分子生物学方法　　近年来，DNA 分子标记鉴定驴皮真伪技术、
RAPD 分析方法、线粒体细胞色素 B 基因 PCR-RFLP 方法等已逐步应用到驴
皮性状鉴别工作中，可有效鉴别驴皮真伪。

第三节　品种资源开发利用前景与品牌建设

随着我国社会经济快速发展和人们生活水平的提高，物质和精神消费需求
呈现多样化，对畜产品品质的要求越来越高。我国地方畜禽品种肉质鲜美、风
味独特，深受消费者的喜爱，需求量越来越大。一些具有保健功能和药膳作用
的地方畜禽产品，越来越受青睐。社会多元化的需求，为做好畜禽遗传资源保
护工作营造了良好的氛围。

目前驴的相关产品丰富，包括阿胶产品、驴肉产品、驴奶产品、孕驴血、
孕驴尿等产品。

一、阿胶（驴皮）

驴皮具有药用价值，是名贵中药阿胶的原料。目前，驴皮供应量是制约国

内阿胶行业发展的瓶颈，驴皮供应量已远远不能满足阿胶企业的生产需要，每年驴皮缺口在 200 万张以上。但是由于我国对养驴业的科研投入相对较少，基础性研究严重滞后，造成品种退化、数量减少。

二、驴肉

每 100g 驴肉中含蛋白质 18.6g、脂肪 0.76g、钙 10mg、磷 144mg、铁 13.6mg，驴肉属典型的高蛋白、低脂肪肉食品，具有补血、益气补虚等保健功能。食驴肉之风在广东、广西、陕西、北京、天津、河北、山东等地兴起，给养殖户带来了可观的经济效益。意大利卡梅里诺大学、中国肉类食品综合研究中心研究证明：驴肉与牛肉、羊肉、猪肉相比，具有"三高三低"特点，即高蛋白、高必需氨基酸、高必需脂肪酸，低脂肪、低胆固醇、低热量。必需脂肪酸是人体自身不能合成必须从食物中摄取的多不饱和脂肪酸，缺乏可引起生长迟缓、智力与生殖障碍以及肾脏、肝脏、神经和视觉方面的多种疾病，驴肉中的必需脂肪酸是羊肉 2.38 倍，牛肉的 5.43 倍。必需氨基酸是人体自身不能合成的氨基酸，驴肉中的必需氨基酸含量较羊肉高 8%。驴肉营养丰富、味道鲜美，对预防肥胖和心血管疾病有很好的效果。

早期关于驴肉的研究主要着重于驴的屠宰性状（张书缙，1981；雷天富等，1983；洪子燕等，1989），分析了驴肉的组成成分、理化特性，且发现驴具有高屠宰率、高净肉率的特点。1999 年，高仁对国内驴的优良品种及其育肥技术进行了报道，科学、系统地阐述了驴育肥方法。屠宰日龄是影响驴肉肉质的因素之一，驴肉还可被制作成香肠、腌肉等（Pinto 等，2002）。

1. 驴肉肉质性状的研究　Polidori 等（2008）对驴肉肉质和屠宰性状进行了研究，选用 14～15 月龄的公驴，采集了背最长肌、肱二头肌作为研究材料，揭示了驴肉高蛋白、低脂肪、低胆固醇以及微量元素 K 含量高等优点，同时比较了不同部位驴肉肉色、肌内脂肪中脂肪酸含量和必需脂肪酸之间的差异，证实驴肉是一种很好的红肉。对于不同驴品种肉质差异的研究，早在 1993 年，李福昌等（1993）对德州驴和华北驴肉质理化特性进行了比较，发现德州驴肉嫩度稍好于华北驴，失水率高于华北驴，而肉色稍浅，肌内脂肪含量少；同时也分析了不同部位驴肉的嫩度等指标。尤娟等（2008）研究了驴肉蛋白质、脂肪及其他营养成分特点，并与其他家畜肉进行比较，发现驴肉谷氨酸含量最高，必需氨基酸丰富，尤其赖氨酸含量明显高于羊肉、猪肉、牛肉和鸡肉。赖氨酸可以起到促进食欲、促进幼儿生长发育的作用，还能提高人体钙的吸收和积累，加速骨骼生长。驴肉中氨基酸、不饱和脂肪酸、微量元素均高于牛肉、猪肉，而胆固醇、脂肪含量均低于后两者，而且驴肉的脂肪含量低于其他畜禽肉的脂肪含量，多不饱和脂肪酸高于其他畜禽肉，能够较好地满足人体的营养需求。Xu 等（2013）研究了驴的脂肪，将其理化特性与牛、猪、羊脂肪进行比较，结果显示驴脂肪包含 59.38% 的不饱和脂肪酸、38.37% 的饱和脂肪酸和 0.21% 的反式脂肪酸，其中不饱和脂肪酸和维生素 E 含量高于其他家畜，而且加工后的脂肪中几乎没有胆固醇，证明驴脂肪对于人类来说，也是很好的动物脂肪来源。

2. 肉用驴品种的培育及现有品种的改良　目前，我国驴肉市场供应的驴肉大都是淘汰的老弱驴或是役用驴，优质高档的驴肉甚少，同时缺乏专门的肉驴品种，因此加强肉用驴品种的培育和育肥十分重要。首先，要培育以生产优质驴肉为主要目标的肉驴专用品种，在此基础上依靠科技进步建立崭新的肉用驴养殖体系，即集生产、加工、服务、科研于一体，产、供、销一条龙的生产体系。在东阿阿胶股份有限公司等龙头企业的带领下，新疆、辽宁、内蒙古、甘肃、云南等地建立了万头驴养殖基地，其中不乏肉驴的良种繁育基地。通过实施配种登记、优良种公驴冻精引入、养殖指导、后裔测定等科学手段，加速了肉驴专用品种的培育。同时，加强与高校和科研院所的密切合作，在传统育种方法的基础上，开展分子育种工作，做好驴品种多样性的保护，确定影响肉质的基因或 QTL 在基因组上的遗传和物理位置，寻找分子标记，实施标记辅助选择（MAS），从 DNA 水平进行基因型选择，提高驴的生产能力，改善遗传性能。

其次，抓好现有品种的改良。在自然选择和人工选择下，我国地方驴品种在外形结构和生产性能等方面都有显著的差异，分为大、中、小型品种。小型驴，如华北驴、西南驴等，体型小，数量多，通过与关中驴、德州驴等大型品种杂交，利用杂种优势，改善其体形结构，促进早熟性并提高产肉性能，更好地适应畜牧业商品生产的需要。新疆驴也属于小型驴种，要进行驴肉高效生产，则品种必须进行改良，即向大、中型驴种方向培育。引入关中驴、德州驴等大型驴种或佳米驴、泌阳驴和庆阳驴为主的中型驴种，与新疆驴进行杂交改良，既可保留新疆驴本身所具有的优良品质，也可大大提高新疆驴的产肉能力，使其成为我国新的适应于高效养殖的肉驴品种。除了利用杂种优势外，还要做好驴种内部的选育工作，通过选种选配、精细繁育和改善繁殖条件等改进品种质量。现阶段驴的育种工作开展较少，因而培育专用的肉用驴品种及生产高档驴肉是当务之急。近年来，驴的育种逐渐开始受到重视。

3. 驴肉营养成分优于其他畜禽肉的研究已非常透彻，但引起差异的分子机制并不清楚　近年来组学技术在肉质差异的研究中得到应用。随着后基因组时代的到来，转录组学、蛋白质组学、代谢组学技术相继出现，转录组学研究能够从整体水平研究基因功能以及基因结构，揭示特定生物学过程以及疾病发生过程中的分子机理。蛋白质组学也是从整体角度分析细胞内动态变化的蛋白质组成、表达水平与修饰状态，了解蛋白质之间的相互作用与联系，揭示蛋白质的功能与细胞的活动规律。Marie 等（2012）利用基因芯片通过转录组分析比较了大白猪和地方猪种（巴斯克猪）肉质差异的分子机制，获得差异基因，对其进行功能注释，发现 4 条生物学网络以及有关肉质的分子标记。Angelo 等（2011）运用代谢组和蛋白组技术研究了大白猪和地方猪种（卡斯塔纳）肉质，测定屠宰后肉质的 pH、肉色和系水率，获得差异蛋白及作用通路，分析了与脂肪沉积相关的酶类及生物学过程的差异。Susumu 等（2014）研究了猪快慢肌中代谢通路特点，阐述了与肌苷酸、快慢肌纤维等相关的关键化合物及代谢途径，包括糖酵解、嘌呤代谢、氨基酸和二肽产生、谷胱甘肽及 NADPH 代谢。因此有必要开展驴肉组学的研究，从不同方面解析肉质优异的分子机制。

4. 驴肉加工工艺的发展使驴肉的消费逐渐增多，其产品开发的市场前景十分广阔　随着食品科学知识的普及，驴肉制品开始受到人们的欢迎。目前市场上驴肉制品种类很少，一般是软包装的驴肉制品，包括五香驴肉、驴肉干和驴肉香肠等。驴肉及其产品的深加工不够，优质高档的驴肉甚少且无价格优势，说明在这方面还有很大的开发力度。东阿阿胶股份有限公司制定了我国第一个冷鲜驴肉分级标准，从而获得了高档驴肉系列产品。高档驴肉又可分为无公害驴肉、绿色驴肉和有机驴肉。高档驴肉的生产基本条件是要求产地环境、生产过程和产品质量符合国家有关标准和规范，经认证合格，获得认证证书，并使用相应规定的农产品标志。据调查，国内生产驴肉的食品厂对原料的需求量较大，市场上驴肉原料供不应求。因而，驴肉是一项极具开发潜力的新型肉食品，驴肉生产有可能发展成为具有较强竞争力的特色肉食产业。

综上所述，肉驴的培育、高档驴肉的生产、肉质优异的分子机制将是未来

驴产业研究的重点。现阶段驴的养殖业显现出旺盛的市场生命力，规模化养驴场及肉驴良种繁育基地已初步形成，可以在现有品种基础上选优淘劣，也可以选用优良品种与本地土著驴进行杂交改良，提高产肉性能。陈贺亮等（2005）详细介绍了高档驴肉生产过程中的关键影响因素和存在的问题。这些为驴产业的发展提供了参考。

三、驴奶

驴奶是最接近母乳的乳中珍品，硒含量为牛乳的 5.2 倍、人乳的 4 倍；其含有的 EGF（表皮细胞生长因子）对呼吸道疾病（肺结核等）有显著的保健功效；其胆固醇含量仅为牛奶的 1/5，是"三高"人群的首选饮品。驴奶与人奶均属于乳清蛋白型乳品，易吸收。但还有很大一部分驴奶资源未被充分地开发利用，有必要展开驴奶的营养成分和功能性研究，促进驴奶产业的发展。

1. 驴奶的发展史　公元前 5 世纪，伟大的历史学家希罗多德（Erodoto）记载了驴奶的营养特性和益处。古罗马学者普林西尼（Plinio）在他的著作《博物志》中最先提出使用驴奶。埃及艳后用驴奶洗澡以保持她美丽的容颜和光滑的肌肤。罗马女王梅萨里纳（Messalina）甚至用驴奶敷面，我国明代李时珍的著作《本草纲目》中也记载了驴奶的治病功效。这些历史文献都记载了驴奶的功效，但驴奶发挥功效的主要成分均未被提及。

文艺复兴时期，法国国王佛朗西斯一世（Francis Ⅰ）首次饮用驴奶缓解身体疲劳和紧张。19 世纪的欧洲国家，携带驴的商人随处可见。那段时期由于驴奶的稀少和珍贵，只有贵族阶层才能定期消费驴奶。同一时期，开始用驴奶喂养婴儿。直到 20 世纪，驴奶开始作为商品出售，用于体质弱的幼儿、病人和老人。由此，驴得到了较大规模的饲养、繁殖。

在过去的几年里，西西里岛对驴奶的消费量日益增加，尤其是那些不能哺育婴儿的母亲，对驴奶的需求量很大。目前，意大利是研究驴奶最多的国家，为应对市场需求，意大利的科学家们围绕驴奶展开了大量研究，分析了驴奶中的蛋白质、脂肪等营养成分。通过与其他物种比较，得出了驴奶最适合作为人乳替代品的结论。同时为了提高驴产乳量，他们分别针对母驴乳房性状、泌乳特征以及挤乳方法对驴奶产量的影响等开展了研究。我国对驴奶研究最多的是新疆地区，检测了驴奶中的维生素和矿物质组分，提出了驴奶的保健价值，指出了驴奶的应用方向和产业化前景。

驴奶不仅具有较高的营养价值，而且具有较广泛的药用价值，《本草纲目》中记载："驴奶，气味甘，冷利，无毒，热频饮之可治气郁，解小儿热毒，不生痘疹。"52%的桑布鲁妇女会用驴奶作为治疗百日咳的药剂。尽管驴奶产量低，但驴奶有特别的价值，如临床研究显示对于牛奶蛋白过敏和多种食物耐受不良症患者，驴奶是有效的治疗方法。

2. 驴奶基本成分与其他畜奶比较　乳类对儿童和成人来说都是高营养食物，可提供矿物质、维生素和蛋白质等营养物质，具有特殊的生物学功能，可以促进人类健康。和牛乳相比，驴奶具有低脂肪、高乳糖等特点，其基本成分与人乳很接近。不同畜种乳成分含量存在差别，另外环境因素如泌乳时期、挤乳频率和完整性、个体健康状况、年龄和饲养条件等也会影响乳成分比例。

与马乳相似，驴奶的 pH 在 7.14～7.22，且在整个泌乳时期无明显变化，这说明乳的 pH 受泌乳时期或饲养的影响较小。驴奶的平均 pH（7.18）高于牛乳（6.6～6.7），这可能与驴奶中酪蛋白和磷酸盐组分比牛乳低有关（表13-1）。

表 13-1　不同物种乳成分比较（以 100g 计）

项　目	驴奶	人乳	牛乳	山羊乳	马乳
乳蛋白（g）	1.2～1.8	0.9～1.7	3.1～3.8	3.26	1.5～2.8
乳脂（g）	0.3～1.8	3.5～4.0	3.5～3.9	4.07	0.5～2.0
乳糖（g）	5.8～7.4	6.3～7.0	4.4～4.9	4.51	5.8～7.0
灰分（g）	0.3～0.5	0.2～0.3	0.7～0.8	0.9	0.3～0.5
酪蛋白（g）	0.64～1.03	0.32～0.42	2.4～2.8	2.81	0.94～1.2
乳清蛋白（g）	0.49～0.80	0.68～0.83	0.55～0.70	1.02	0.74～0.91
非蛋白氮（g）	0.29	0.16	0.18	0.14	0.21
酪蛋白/乳清蛋白	0.94	0.53	4.03	4.14	1.40
乳清蛋白（%）	38.4	56.8	18.5	18.59	37.5

3. 驴奶主要成分的特点

（1）驴奶蛋白　每 100g 驴奶总乳蛋白含量为 1.2～1.8g，每 100g 人乳总乳蛋白含量为 0.9～1.7g，每 100g 牛乳及山羊乳总乳蛋白含量分别为 3.2g 和 3.26g。人乳和驴奶属乳清蛋白性乳类，牛乳属酪蛋白性乳类。实际上，反刍动物乳中酪蛋白与乳清蛋白比例是驴奶的 4 倍，是人乳的 7 倍。驴奶中酪蛋白和乳清蛋白含量十分接近，但泌乳期间酪蛋白含量有降低趋势，而乳清蛋白含量却相对稳定。驴奶中乳清蛋白含量与人乳和马乳中乳清蛋白含量接近，但酪蛋白含量高于人乳而低于马乳和反刍动物乳。驴奶中乳清蛋白含量占总氮组分的 30％～35％，牛乳仅占 20％。驴奶和马乳中非蛋白氮（NPN）占总氮组分的 10％～16％，低于人乳而高于反刍动物乳。

驴奶清蛋白中含量最高的是 α-乳白蛋白（α-LA）、β-乳球蛋白（β-LG）和溶菌酶（LYZ）。驴奶中 β-LG 平均含量为 3.75mg/mL，与牛乳中含量接近，但人乳中不存在 β-LG，驴奶中 β-LG 的含量大概占乳清蛋白的 40％。如表 13-2 所示。每 100g 驴奶中 α-LA 含量为 0.2g，每 100g 人乳为 0.32g，每 100g 牛乳为 0.145g，每 100g 羊乳为 0.128g。在人乳中溶菌酶含量为 0.12mg/mL，而在牛乳和羊乳中，溶菌酶含量极低，在驴奶中含量为 1～1.1mg/mL。驴奶含两种溶菌酶，溶菌酶浓度随不同泌乳时期而有所变化，这可能与细菌浓度相关。驴奶中乳铁蛋白（LTF）含量为（0.08±0.003 5）mg/mL 与马乳（0.1mg/mL）、牛乳（0.02～0.2mg/mL）、山羊乳（0.06～0.4mg/mL）、绵羊乳（0.135mg/mL）相近，人乳中含量为 1.0～6.0mg/mL。

表 13-2　4 个物种乳（奶）中乳清蛋白含量

项　　目	驴奶	人乳	牛乳	山羊乳
LYZ（mg/mL）	1～1.1	0.12	0.013	—
α-LA（mg，以每 100g 计）	0.2	0.32	0.145	0.128
β-LG（mg/mL）	3.75	—	3.3	3.46
LTF（mg/mL）	0.08～0.1	1.0～6.0	0.02～0.2	0.06～0.4

（2）驴奶脂肪　驴奶中平均脂肪含量（0.3％～1.8％）与马乳（0.3％～0.5％）接近，低于其他乳（人乳 3.5％～4％，牛乳 3.5％～3.9％）。驴奶中总脂肪热量低于其他乳（驴奶 1 708kJ/L，人乳 2 888kJ/L，牛乳 2 763kJ/L），表明驴奶为低热量饮品。驴奶中油酸（C18：1）含量较高，约占总脂肪酸含量的 15％。表 13-3 显示，驴奶中不饱和脂肪酸 n-6/n-3 为 1.17，且 n-6 中亚油酸（LA）含量最高，n-3 中 α-亚麻酸（ALA）含量最高，说明驴奶具有治疗动脉粥样硬化和血栓的功效（Kris-Etherton 等，2000）。驴奶中饱和脂肪酸（SFA）含量为 5.46mg/mL，单不饱和脂肪酸（MUFA）含量为 1.96mg/mL，多不饱和脂肪酸（PUFA）含量稍高于牛乳而低于人乳。另外，驴奶中 SFA 随泌乳时间的增加明显下降，平均含量从第 15 天的 62.88％下降到第 180 天

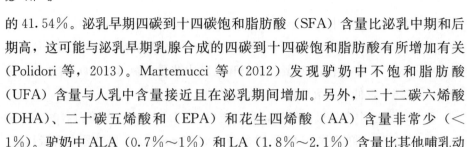

的 41.54%。泌乳早期四碳到十四碳饱和脂肪酸（SFA）含量比泌乳中期和后期高，这可能与泌乳早期乳腺合成的四碳到十四碳饱和脂肪酸有所增加有关（Polidori 等，2013）。Martemucci 等（2012）发现驴奶中不饱和脂肪酸（UFA）含量与人乳中含量接近且在泌乳期间增加。另外，二十二碳六烯酸（DHA）、二十碳五烯酸和（EPA）和花生四烯酸（AA）含量非常少（<1%）。驴奶中 ALA（0.7%～1%）和 LA（1.8%～2.1%）含量比其他哺乳动物乳中含量高。

表 13-3　不同物种乳（奶）中不同脂肪酸的平均含量

成分名称	驴奶	人乳	牛乳
总脂肪（%）	0.94	3.80	3.60
饱和脂肪酸（mg/mL）	5.46	15.20	25.80
单不饱和脂肪酸（mg/mL）	1.96	16.90	9.20
n-3 多不饱和脂肪酸（mg/mL）	0.746	0.689	0.28
n-6 多不饱和脂肪酸（mg/mL）	0.94	5.09	1.03
多不饱和脂肪酸（mg/mL）	1.69	5.78	1.31
不饱和脂肪酸 n-6/n-3	1.17	7.39	3.68

（3）乳糖　驴奶中乳糖含量（每 100g 5.8～7.4g）与人乳（每 100g 6.3～7.0g）接近，高于牛乳（每 100g 4.4～4.9g），且乳糖含量在整个泌乳期趋于稳定，乳糖调控乳渗透压的 50%，以确保血乳渗透压的平衡。泌乳后期，乳糖含量降低可能与血液中 NaCl 流入乳中相关。另外，不同驴奶中乳糖含量的 t 值差别很小，说明乳糖含量与泌乳时期、挤乳时间、饲料等无明显相关性。

（4）驴奶矿物质　新生驴驹的生长发育需要驴奶含有足够的矿物质成分且不受饲养条件影响，驴奶矿物质成分随泌乳时期的增加呈下降趋势。有研究表明，乳中矿物质含量在泌乳第一个月最高，这可能与新生驴驹第一快速生长阶段的需求相关，随后对矿物质需求逐渐降低。每 100mL 驴奶中矿物质含量为 0.39g，与马乳接近，稍高于人乳，低于反刍动物乳。驴奶中 Ca/P 值为 1.48，低于人乳而高于牛乳。驴奶中钾（K）和钠（Na）平均含量稍低于人乳，氯（Cl）和镁（Mg）平均含量与人乳接近。然而，这些成分在反刍动物（牛、羊）乳中的含量大约是人乳的 3 倍，磷（P）平均含量是人乳的 6 倍。研究表明，驴乳中矿物质含量与饲养、季节等因素相关。

表 13-4 不同乳（奶）中矿物质含量比较

物种	矿物质 (g, 以每 100mL 计)	Ca (mg/kg)	P (mg/kg)	Ca/P	K (mg/kg)	Cl (mg/kg)	Na (mg/kg)	Mg (mg/kg)
驴奶	0.39	676.7	487	1.48	497	336.7	218.3	37.3
人乳	0.21	340	140	2.4	530	379	133.8	38.8
马乳	0.35	900	700	1.29	550	450	135	36.8
牛乳	0.71	1 170	900	1.3	1 448	999.5	491	121
羊乳	0.80	1 260	970	1.3	1 844	1 600	380	130

4. 驴奶的功效

（1）作为牛乳蛋白过敏（CMPA）患者的饮食 牛乳蛋白是世界上应用最广泛的家畜蛋白质，但容易引起部分人的过敏反应。牛乳蛋白过敏反应（CMPA）是牛乳蛋白产生的由 IgE 介导的变态免疫反应，它是 3 岁以下婴儿和儿童的常见病，约占 3%。研究表明，各国家 CMPA 发生率占人群的 0.3%～7.5%。一般情况下，乳蛋白过敏不会持续终生，随着年龄的增长儿童能够逐渐耐受乳活性成分。另外 35% 的 CMPA 患者还对大豆等其他蛋白类食物过敏。CMPA 的治疗策略是除去牛乳中的致敏成分或使用牛乳的替代品。与牛乳相比，驴奶的营养组分和口味与人乳更接近，与其他畜乳相比具有低致敏性的特点，因此被认为是 CMPA 患者以及其他食物过敏的最佳饮品。Iacono 等对缺乏母乳且对大多数食物过敏的 9 位儿童的临床试验表明，这些儿童对驴奶有很好的耐受性，且在随后的 15～20 个月内完全耐受，并进一步证明驴奶的口味适口并含有充足的营养物质。

（2）预防及治疗心血管疾病和自身免疫病 驴奶中必需脂肪酸含量高于反刍动物，推测与驴缺少发生在瘤胃中的氢化反应有关。多不饱和脂肪酸（PUFA）进入到细胞膜，影响胆固醇的氧化和转运而降低其浓度。不饱和脂肪酸可提高酶活性，参与合成花生四烯酸、细胞因子等生物活性物质，从而调控细胞间的相互作用。驴奶中必需脂肪酸（亚油酸和亚麻酸）含量较其他乳要高，这些脂肪酸属于 n-3 和 n-6，主要功能就是预防和抑制心血管疾病和自身免疫病，尤其是 n-3 多不饱和脂肪酸可修复神经细胞膜，在心脏血液循环方面发挥预防作用，防止动脉粥样硬化形成，降低心脏病发生风险。另外，驴奶中 n-6 必需脂肪酸可滋润肌肤，使肌肤更柔软舒适，有利于皮肤对维生素的吸收，由于这些脂肪酸具有抗炎活性并能修复和保护皮肤细胞膜，因此可使肌肤更有弹性，并能预防一些皮肤疾病的发生。另外，驴奶中溶菌酶含量很高，溶菌酶具有很多生理功能，包括使病毒失活、免疫调控活性、抗炎症和抗肿瘤等。

（3）驴奶调控肠的消化功能及增强免疫力　与牛乳、羊乳相比，驴奶总蛋白含量和酪蛋白含量均较低，可能是驴奶比反刍动物乳更易消化的原因。乳糖含量高不单使驴奶有很好的口感且利于肠道对钙的吸收，对婴儿的骨盐沉积起到很大的作用。乳糖可以促进肠道内乳酸菌的繁殖增长，在肠道乳酸杆菌的作用下，生成乳酸，乳酸对肠胃有调整保护作用，抑制有害细菌繁殖。另外，驴奶中高乳糖含量还具有光滑和保湿效果，且驴奶中溶菌酶在酸性环境下和蛋白酶消化后仍能保持活性。

驴奶中包含一系列防御蛋白，如乳铁蛋白、α-乳白蛋白、免疫球蛋白和溶菌酶等，使得驴奶能够抑制或杀死大多数的病原微生物，为新生儿提供免疫防护。乳铁蛋白有两个独立结构域，分别通过两种不同的机制发挥抗病毒作用。一方面，乳铁蛋白对铁有高亲和力，它可以结合需铁细菌，从而抑制细菌生长。另一方面，乳铁蛋白通过 N-末端阳离子结构域直接和细菌反应，发挥其抗菌功能。α-乳白蛋白和油酸组成复合物叫作 HAET（Human Alpha-lactalbumin made lethal to tumor cells）它可以杀死肿瘤细胞，保护健康细胞。另外，它还可以通过环氧酶-2（COX-2）和磷脂酶 A2 的抑制作用发挥抗炎活性，有助于净化痤疮和油性肌肤，它们的高抗氧化能力可保护皮肤不受自由基侵蚀。驴奶可增强肠道免疫应答，保护肠道不受细菌、病毒的感染，调节肠道菌群，预防胃溃疡。另外，驴奶中还含有一些保护性抗菌因子，包括在消化过程中产生的抗菌因子，均有益于肠道健康，尤其适合 CMPA 儿童、老人及康复期低免疫能力的人群。

四、孕驴产品开发

旧称孕驴血清促性腺激素（PMSG），目前产量仅能满足市场需求的20％。该产品兼有促卵泡激素（FSH）和促黄体素（LH）的双重功效，广泛应用于家畜诱导发情、超数排卵、提高繁殖率及公母畜一些生殖性疾病的治疗。可就孕驴血清的效价、功效等进行深度开发，预计完成开发后可实现增收1000 元/头。

从孕马尿液中提取的雌激素混合物，做成药品——倍美力（结合雌激片，USP）口服制剂，已畅销世界 68 年，全球单品年销售额达 20 亿美元，用于更年期及绝经期妇女延缓衰老、预防骨质疏松和心脏病、降低循环血脂水平、皮肤抗皱等。可参考孕马尿研究进行深入研究，完成孕驴尿开发，预计农民养殖母驴每头可增收 2 000 元。

目前相对而言，马和驴胎盘安全性高，产品市场前景良好，马胎盘产品价格普遍高于猪、羊等胎盘产品。由于驴与马相近，预计驴胎盘产品的安全性、价格等均有较突出的优势和良好的发展空间。总体而言，驴产品的开发力度和深度不够，其综合生产性能的潜力还有待开发。

参 考 文 献

陈贺亮，2005. 浅谈高档驴肉生产 [J]. 现代畜牧兽医，8：9-10.

高仁，1999. 驴的优良品种及育肥技术 [J]. 饲料与畜牧，6：18-19.

洪子燕，雪邦群，汪立甫，1989. 我省驴肉品质及其经济性状的研究 [J]. 河南农业科学，4：28-30.

雷天富，段彦斌，1983. 佳米驴肉用性能测定 [J]. 畜牧兽医杂志，3：26-29.

李福昌，杨金三，1993. 德州驴和华北小驴肉质物理化学性状的比较研究 [J]. 山东农业大学学报，24 (2)：202-210.

马铭龙，贾汝敏，巨向红，等，2014. 狮头鹅体尺性状与精液品质的相关性分析 [J]. 江苏农业科学，42 (8)：197-199.

田亚丽，仁有蛇，岳文斌，等，2005. 不同季节对波尔山羊精液冷冻效果的影响 [J]. 当代畜牧 (5)：31.

薛祥熙，张云翔，1994. 中国第四纪哺乳动物地理区划 [J]. 兽类学报，14 (1)：15-23.

尤娟，罗永康，张岩春，2009. 驴肉脂肪和脂肪酸组成特点及与其他畜禽肉的分析比较 [J]. 食品科学，34 (2)：118-120.

张书缙，1981. 驴的屠宰测定 [J]. 中国畜牧杂志，4：16-17.

张伟，王长法，黄保华，2018. 驴养殖管理与疾病防控实用技术 [M]. 北京：中国农业科学技术出版社.

郑丕留，1956. 驴的生殖器官与生殖生理 [M]. 北京：科学出版社.

Aganga A，2003. Indigenous browses as feed resources for grazing herbivores in Botseana [J]. African Journal of Science & Technology，3 (2)：93-98.

Alawneh J I，Williamson N B，Bailey D，2006. Comparison of a camera-software system and typical farm management for detecting oestrus in dairy cattle at pasture [J]. N Z Vet J，54：73-77.

Beja-Pereira A，England P R，Ferrand N，et al.，2004. African origins of the domestic donkey [J]. Science，304：1781.

Borchers N，Reinsch N，Kalm E，2015. The number of ribs and vertebrae in a Pietrain cross：

variation, heritability and effects on performance traits [J]. J. Anim. Breed. Genet. , 121 (6):
392-403.

Bough J, 2006. From value to vermin: a history of the donkey in Australia [J]. Australian
Zoologist Zoologist, 33 (3): 388-397.

Bruyère P, Hétreau T, Ponsart C, 2012. Can video cameras replace visual estrus detection in
dairy cows? [J]. Theriogenology, 77: 525-530.

Burden F A, Hazell-Smith E, Mulugeta G, et al. , 2016. Reference intervals for biochemical
and haematological parameters in mature domestic donkeys (*Equus asinus*) in the UK [J].
Equine Veterinary Education, 28 (3): 134-139.

Carbone L, Harris R A, Gnerre S, et al. , 2014. Gibbon genome and the fastkaryotype
evolution of small apes [J]. Nature, 513 (7517): 195-201.

Callewaert L, and Michiels C W, 2010. Lysozymes in the animal kingdom [J]. J. Biosci. ,
35: 127-160.

Cook S J, Cook R F, Montelaro R C, et al. , 2001. Differential responses of Equus caballus
and Equus asinus to infection with two pathogenic strains of equine infectious anemia virus
[J]. Veterinary Microbiology, 79: 93-109.

Damon M, Wyszynska-Koko J, Vincent A, et al. , 2012. Comparison of muscle
transcriptome between pigs with divergent meat quality phenotypes identifies genes related
to muscle metabolism and structure [J]. Plos One, 7 (3): e33763.

D'Alessandro A, Marrocco C, Zolla V, et al. , 2011. Meat quality of the longissimus
lumborum muscle of casertana and large white pigs: metabolomics and proteomics
intertwined [J]. Journal of Proteomics, 75 (2): 610-627.

Gustafson A L, Tallmadge R L, Ramlachan N, et al. , 2003. An ordered BAC contig map
of the equine major histocompatibility complex [J]. Cytogenet Genome Res. , 102:
189-195.

Homer E M, Gao Y, Meng X, 2013. Technical note: A novel approach to the detection of
estrus in dairy cows using ultra-wideband technology [J]. J. Dairy Sci. , 96 (10):
6529-6534.

Huang J, Zhao Y, Bai D, et al. , 2015. Donkey genome and insight into the imprinting of
fast karyotype evolution [J]. Scientific Reports, 5: 14106.

Iacono G, Carroccio A, Cavataio F, 1992. Use of ass' milk in multiple food allergy [J]. J
Pediatr Gastroenterol Nutr, 14 (2): 177-181.

Inchaisri C, Jorritsma R, Vos P L, et al. , 2010. Economic consequences of reproductive
performance in dairy cattle [J]. Theriogenology, 74: 835-846.

Imsland F，McGowan K，Rubin C J，et al.，2016. Regulatory mutations in TBX3 disrupt asymmetric hair pigmentation that underlies Dun camouflage color in horses［J］. Nat. Genet.，48（2）：152-158.

Irwin D M，Biegel J M，Stewart C B，2011. Evolution of the mammalian lysozyme gene family［J］. BMC Evolutionary Biology，11：166.

Jarvis D E，Ho Y S，Lightfoot D J，et al，2017. The genome of Chenopodium quinoa［J］. Nature，542（7641）：307-312.

Jiang X X，Deng S L，2014. Identification effects of pedometer on estrus of holstein cows during peak lactation Period［J］. Animal Husbandry and Feed Science，6（2）：63-65.

Kerbrat S，Disenhaus C，2004. A proposition for an updated behavioural signs of the oestrus period in dairy cows［J］. Appl. Anim. Behav. Sci.，87：223-238.

Kimura B，Marshall F B，Chen S，et al.，2011. Ancient DNA from Nubian and Somali wild ass provides insights into donkey ancestry and domestication［J］. Proc. R. Soc. B.，278：50-57.

Kris-Etherton P M，Taylor D S，Yu-Poth S，et al.，2000. Polyunsaturated fatty acids in the food chain in the United States［J］. American Journal of Clinical Nutrition，71（1 Suppl）：179-188.

Martemucci G，D'Alessandro A G，2012. Fat content，energy value and fatty acid profile of donkey milk during lactation and implications for human nutrition［J］. Lipids in Health & Disease，11（1）：113.

Maton C，Bocquier F，Debus N，et al.，2012. Suivi automatisé des chaleurs et différence de saisonnalité entre brebis Texel et Mérinos dans un environnement méditerranéen［J］. Rencotres Recherches，17：125-128.

Mikawa S，Morozumi T，Shimanuki S I，et al.，2007. Fine mapping of a swine quantitative trait locus for number of vertebrae and analysis of an orphan nuclear receptor，germ cell nuclear factor（NR6A1）［J］. Genome Res，17（5）：586-593.

Muroya S，Oe M，Nakajima I，2014. CE-TOF MS-based metabolomic profiling revealed characteristic metabolic pathways in postmortem porcine fast and slow type muscles［J］. Meat Science，98（4）：726-735.

Ogawa S，Tsukahara T，Nishibayashi R，et al.，2014. Shotgun proteomic analysis of porcine colostrum and mature milk［J］. Animal Science Journal，85（4）：440-448.

Orlando L，Ginolhac A，Zhang G，et al.，2013. Recalibrating Equus evolution using the genome sequence of an early Middle Pleistocene horse［J］. Nature，499（7456）：74-78.

Pant H C，Sharma R K，Patel S H，et al.，2003. Testicular development and its relationship to semen production in Murrah buffalo bulls [J]. Teriogenology, 60 (1): 27-34.

Pinto M F, Ponsano E H G, Franco B D G M, et al., 2002. Charqui meats as fermented meat products: role of bacteria for some sensorial properties development [J]. Meat Science, 61, 187-191.

Polidori P, Vincenzetti S, 2013. Oleic acid in milk of different mammalian species [M]. Luciano Paulino Silva Nova Science Publishers: 127-140.

Polidori P, Vincenzetti S, Cavallucci C, et al., 2008. Quality of donkey meat and carcass characteristics [J]. Meat Science, 80: 1222-1224.

Renaud G, Petersen B, Seguinorlando A, et al., 2018. Improved de novo genomic assembly for the domestic donkey [J]. Science Advances, 4 (4).

Roelofs J B, Eerdenburg F J C M, Soede N M, et al., 2005. Various behavioral signs of estrous and their relationship with time of ovulation in dairy cattle [J]. Theriogcnology, 63: 1366-1377.

Rorie R W, 2002. Application of electronic estrus detection technologies to reproductive management of cattle [J]. Theriogenology, 57: 137-148.

Rossel S, Marshall F, Peters J, et al., 2008. Domestication of the donkey: timing, processes, and indicators [J]. Proc Natl Acad Sci USA., 105: 3715-3720.

Ruten C J, Steeneveld W, 2014. An exante analysis on the use of activity meters for automated estrus detection: to invest or not to invest? [J]. J. Dairy Sci., 97: 6869-6887.

Sakaguchi M, 2011. Practical aspects of fertility of dairy cattle [J]. J Reprod Dev, 57: 17-33.

Sanit D M, Chastant M S, 2010. Towards an automated detection of oestrus in dairy cattle [J]. Reprod Dom Anim, 47: 1056-1061.

Trimeche A, Renard P, Tainturier D, 1998. A procedure for *Poitou jackass* sperm cryopreservation [J]. Theriogenology, 50: 793-806.

Vincenzetti S, Polidori P, Mariani P, et al., 2008. Donkey's milk protein fractions characterization [J]. Food Chemistry, 106: 640-649.

Wade C M, Giulotto E, Sigurdsson S, et al., 2009. Genome sequence, comparative analysis and population genetics of the domestic horse [J]. Science, 326 (5954): 865-867.

Xu F, Zhang L, Cao Y, et al., 2013. Chemical and physical characterization of donkey abdominal fat in comparison with cow, pig and sheep fats [J]. Journal of the American oil chemists society, 90 (9): 1371-1376.

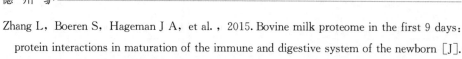
Zhang L，Boeren S，Hageman J A，et al.，2015. Bovine milk proteome in the first 9 days：protein interactions in maturation of the immune and digestive system of the newborn ［J］. Plos One，10（2）：e0116710.

Zhang L，de Waard M，Verheijen H，et al.，2016. Changes over lactation in breast milk serum proteins involved in the maturation of immune and digestive systemof the infant ［J］. Data in Brief，7（1）：362-365.

附　录

附录一　《德州驴冷冻精液生产技术规程》
（DB 37/T 2309—2013）

ICS 65.020.01
B 01

DB 37

山　东　省　地　方　标　准

DB 37/T 2309—2013

德州驴冷冻精液生产技术规程

Technical Specification for Dezhou Donkey Frozen Semen Producing

2013－04－01 发布 　　　　　　　　　　　2013－05－01 实施

山东省质量技术监督局　　　　发　布

前　言

本标准按照 GB/T 1.1—2009 给出的规则起草。

本标准由山东省畜牧兽医局提出。

本标准由山东省畜牧业标准化技术委员会归口。

本标准起草单位：山东省农业科学院奶牛研究中心、山东天龙牧业科技有限公司、山东省畜牧总站、山东奥克斯生物技术有限公司。

本标准主要起草人：王长法、高运东、张燕、张思聪、王玲玲、朱涛涛、张瑞涛、黄金明、仲跻峰、侯明海、王银朝、闫金华、沈善义。

德州驴冷冻精液生产技术规程

1　范围

本标准规定了公驴要求、冷冻精液生产的术语和定义、器械清洗和消毒、离心液及稀释液配制、采精、精液处理、精液冷冻、冻精解冻、冻精活率检查和检验规则、包装、贮存及运输。

本标准适用于德州驴冷冻精液生产，其他品种驴冷冻精液生产可参照执行。

2　规范性引用文件

下列文件对于本文件的应用是必不可少的。凡是注日期的引用文件，仅所注日期的版本适用于本文件。凡是不注日期的引用文件，其最新版本（包括所有的修改单）适用于本文件。

GB/T 5458　液氮生物容器

GB/T 24877—2010　德州驴

NY/T 1234—2006　牛冷冻精液生产技术规程

3　术语和定义

下列术语和定义适用于本文件。

3.1

德州驴　dezhou donkey

原产地为山东省鲁北平原沿渤海各县、肉挽兼用的大型地方驴品种。

3.2

德州种公驴　dezhou jack

符合 GB/T 24877—2010 中种用标准且等级评定二级以上的公驴。种公驴体质健康，性能力旺盛，生殖系统无异常，无传染性疾病。种公驴外周血检测染色体正常、无遗传性疾病。

3.3

台驴 teaser jenny

能引诱德州公驴性欲、勃起、以供其爬跨的同种动物或模型。

3.4

假阴道 artificial vagina

模拟母驴阴道环境条件人工制作的采精器具。其形状呈圆筒形，由外壳、内胎、内衬和集精杯等组成，主要部件构造与牛用的基本相同，但大小有别。外壳长约 55cm，形似暖水瓶，内径 14cm；中部有 15.5cm 长的手柄，便于采精时把握；侧面有注水孔。采精杯为一广口不锈钢保温杯，容量 300mL。

3.5

原精 raw semen

采集后未经离心、稀释的精液。

3.6

精液品质检查 semen examination

鉴定精液质量的一种手段，即对影响精液质量的各项指标进行检查分析。

3.7

精液离心液 semen centrifugate

保护精子在离心时不受损伤、延长其存活时间的液体。

3.8

精液稀释液 semen diluent

保护精子延长其存活时间及增加精液容量的液体。

3.9

细管冻精 straw frozen semen

精液冷冻类型之一，将精液分装到塑料细管中进行冷冻保存，常用的为 0.5mL。

4 器械清洗和消毒

4.1 玻璃器皿的清洗和消毒

参照 NY/T 1234—2006 的 4.1 执行。

4.2 假阴道的清洗

4.2.1 假阴道的清洗参照 NY/T 1234—2006 的 4.2 执行。

4.2.2 内胎的清洗：使用后的内胎可用加有家用洗涤剂的 30℃～40℃温水洗涤正反两面，洗去表面的润滑剂，并用自来水清洗 3 遍～5 遍，至冲洗干净，再用蒸馏水逐个冲洗 3 遍～5 遍。用两个吊在橱柜顶部的夹子对称夹住内胎一端，光滑面向内，使内胎垂直悬挂在橱内晾干。不得在阳光下曝晒或在干燥箱中加热干燥。不宜将内胎平放在盒内或袋内。内胎应挂在橱柜内，直到下次使用时取出。使用前，用 75％酒精棉球消毒内胎内壁。

4.3　其他器械的消毒

制作冷冻精液所用的器械事先要进行消毒。漏斗、金属镊子、药匙、胶塞和吸管胶头等都用 75％的酒精棉球擦拭消毒，待酒精挥发尽后方能使用，细管用冷冻架，使用前放置在紫外灯下消毒 30min。

4.4　载玻片和盖玻片的清洗

检查精液质量时所使用的载玻片和盖玻片，用后应立即浸泡于 75％酒精中，清洗后用洁净的纱布擦拭干净备用。

4.5　纱布的清洗消毒

生产用的纱布在使用后要定期进行清洗、消毒。塑料细管、细管包装用塑料管及纱布袋放置在紫外灯下照射消毒 30min 后方可使用。

5　离心液、稀释液配制

5.1　离心液、稀释液配方

参见附录 B。

5.2　离心液、稀释液配制方法

5.2.1　稀释用水

配制离心液、稀释液应使用双蒸水或超纯水（18.2MΩ）。

5.2.2　药品称取及保存

5.2.2.1 称量药品应使用万分之一电子天平，天平应放置在平稳的工作台上，保持清洁干燥。称取药品时，盘内垫以称量纸，校零后方可称量。称量时应按照使用说明进行操作。

5.2.2.2 化学药品称量取用后，应立即将瓶口盖严，以免灰尘、杂菌等污染，防止分解和潮解。称量时药匙应一对一使用。

5.2.3 卵黄的取用

参照 NY/T 1234—2006 的 5.2.4 执行。

5.2.4 离心液、稀释液的配制

5.2.4.1 所用试剂均为分析纯。

5.2.4.2 离心液、稀释液的配制步骤如下：

——离心液配制：按附录 B 称取 Tirs、柠檬酸和葡萄糖，放入烧杯中，用量筒量取双蒸水约 800mL，倒入烧杯中，加入青霉素、链霉素，用磁力搅拌器充分搅拌均匀后，定容至 1 000mL，定容后经 0.22μm 滤器过滤除菌，置于 4℃冰箱中备用，存放时间不宜超过两周；

——稀释液配制：用量筒取适量离心液，加入 20％卵黄，用封口膜封好口后，上下颠倒混匀，置于 4℃冰箱中过夜分层。之后，去除上层泡沫，将稀释液中层倒入烧杯中，下层沉淀弃去。稀释液经 4 000r/min 离心 3 次，每次 30min，去除离心后的稀释液表层杂质及底层沉淀，取中层倒入盐水瓶或蓝口瓶中，加入甘油，用磁力搅拌器充分搅拌均匀后，置于 4℃冰箱中备用，但存放时间不宜超过 24h。

6 采精

6.1 德州种公驴的要求

采精前将种公驴全部体表擦拭干净，阴茎龟头用自来水冲洗干净，并用蘸有 84 消毒液或者新洁尔灭的消毒毛巾擦干。

6.2 采精准备

6.2.1 采精场所的要求

采精场所应保持宽敞（面积在 100m² 以上）、安静，地面保持清洁卫生并铺以防滑设施，以免种公驴采精时滑倒。

6.2.2 台驴的准备

选择健壮、性情温顺、无疫病的发情母驴作为台驴。将台驴保定于采精架（高 80cm，长 1.2m）内。台驴的外阴、臀部应擦洗干净，尾巴用消毒纱布包裹。

6.2.3 仪器设备的准备

预热恒温箱和水浴锅，使其处于 45℃～50℃工作状态，将采精用具规则地摆放在操作台上，假阴道润滑剂（可用离心液代替）水浴加热到 45℃。

6.2.4　假阴道的准备

6.2.4.1　安装假阴道前应先洗净双手，并用 75％的酒精消毒。在安装假阴道时，首先将清洁的内胎安装固定在假阴道壁上，松紧适中，外套一层塑料薄膜。把集精杯安装在假阴道的下端，上覆 4 层无菌纱布，并适当固定。向内胎内注入 4 500mL～5 000mL 45℃～47℃的温水，内腔温度为 40℃～42℃。

6.2.4.2　根据公驴阴茎差异，适当地调整内腔压力和温度，温度最高不得超过 43℃。通过气卡向内胎内充气，使假阴道有适度（假阴道口呈三角形状为宜）的压力，锁住气卡。采精前在假阴道内胎的前三分之二处用消毒纱布均匀涂抹适量离心液。

6.3　采精方法

6.3.1　采精操作

采精时把待采公驴牵到采精室内的台驴处，阻止其爬胯 2～3min，使其阴茎充分勃起。采精员右手持假阴道，假阴道外口端斜朝向地面，站在公驴右前侧，待公驴爬跨时，左手轻扳阴茎，并与持假阴道的右手配合，迅速将阴茎引入假阴道中，假阴道条件适宜，公驴阴茎抽动并贴紧台驴臀部，尾根有节奏摆动即开始射精，完成射精后，公驴随即而下，此时，采精员右手紧握假阴道，随公驴阴茎而下，待公驴前肢落地时，缓慢地把假阴道脱出，立即将假阴道外口斜向上方，打开气卡放水，使精液尽快地流入集精杯内，然后小心地取下集精杯，迅速转移至精液处理室。安装好的假阴道只能使用一次，不得重复使用。

6.3.2　采精频率

成年公驴可施行隔日采精一次，每周采精 3 次～4 次。

6.3.3　采精后的处理

采精后应及时清扫场地并用水冲洗干净。假阴道等采精器械清洗干净后应尽快消毒。

6.4　精液处理

6.4.1　准备

接触精液的器皿（包括离心、稀释用玻璃及塑料器材）应提前 2h 放在 37℃恒温箱中，离心液（配方见附录 B）提前 2h 放在 37℃恒温水浴箱中备用，稀释液置于室温备用。

6.4.2　预处理

采集的原精液传递入精液处理室后，把集精杯放入 34℃的恒温水浴箱中。精液用 4 层消毒纱布过滤，然后用肉眼观察原精液的颜色，正常精液色泽呈乳（灰）白色或淡黄色，记录原精液量（mL）。

6.4.3　精液质量检查

取精液一滴，滴于载玻片上，加盖盖玻片，然后在配有 38℃恒温装置的相差显微镜上评定活率。活率用百分率表示，例如 70％或 0.7。合格精液的精子活率≥70％（即 0.70），镜检活率合格后方可进行稀释。

6.4.4　密度测定

6.4.4.1　按精液密度测定仪的操作规程准确测定精液的密度，合格精液的精子密度≥1.0×10^8 mL。

6.4.4.2　根据射精量、精子活率、密度、离心回收率（80％），计算出制作的细管数和应加稀释液用量。填写冻精生产记录。

6.5　离心、稀释、封装和平衡

向原精液中，按 1∶1 的比例加入离心液，然后在 22℃放置 10min，之后按 1 850r/min，离心 15min，去掉上清液，将各离心管中的粥状精液用稀释液进行最后稀释。精液稀释按两步法进行：先加入最终稀释量的 1/4，经初步稀释的精液先在 22℃下放置 10min，然后，加入剩余的稀释液。最终稀释完的精液移入一大的容器内，用预先按附录 A 的规定打印好的 0.5mL 细管分装精液，然后超声波封口。把分装后的细管精液放入不透明的开盖的塑料盒内，再把塑料盒放入 4℃的冷藏柜中平衡 3h～4h。也可用细管一体机进行分装操作，可在完成灌装与封口后即刻进行喷墨印字。

6.6　精液冷冻

6.6.1　上架

参照 NY/T 1234—2006 的 8.1 规定执行。如同一架上有不同公驴的细管精液，应分开码放，两头公驴之间要隔开一些距离，以免混淆。

6.6.2　冷冻

建议使用全自动冷冻仪。使用时首先在电脑中设置好冷冻的最佳温度曲线，冷冻仪与低温柜应尽量靠近，开启液氮罐阀门把冷冻仪降温至 4℃，关闭风扇电源，待风扇完全停止后把已排满待冻细管精液的冷冻架迅速放入冷冻仪，盖严盖子按电脑预先设定好的最佳冷冻曲线程序自动完成冷冻过程。如果冻精细管数量不足时，要填充备用塑料管和细管架以保持最佳冷冻曲线程序自动完成冷冻过程，确保冻精质量。

6.6.3　收集

冷冻完成后，打开冷冻容器盖子，冻精按公驴号投入盛满液氮的不同提筒中，细管的超声波封口端在上，棉塞封口端在下，不得倒置，以免细管棉塞端爆脱，并迅速浸泡在液氮中。

6.7　冻精解冻

按 NY/T 1234—2006 的 9 规定执行。

6.8　冻精质量检验

6.8.1　冻精质量检验

6.8.1.1　冻精质量检验采用镜检方法。

6.8.1.2　冻精镜检所用设备器材和检查方法同 6.4.3。

6.8.1.3　合格的种公驴冷冻精液应符合以下标准：

 a)　冻精细管无裂痕，两端封口严密，印制的标志清晰；

 b)　每管细管冻精保证 0.5mL 的精液量；

 c)　精子活率≥0.35；

 d)　呈直线前进运动的精子数（有效精子数）≥0.25 亿/支；

 e)　精子畸形率≤20％；

 f)　细菌菌落数≤1 000 个。

6.8.1.4　不合格冻精应废弃；合格后的冻精方可进行包装。

6.8.2　细菌菌落数

按 NY/T 1234—2006 的 10.2 规定执行。每二个月抽检一次。

6.8.3　检验规则

6.8.3.1　冻精产品的质量应由相对独立的技术人员负责检测与监督，配种使用前按每头公驴每批号的产品进行外观和活率的检验，经质检员检验合格并出具合格证后，才可作为合格品使用。

6.8.3.2　每季度对每头公驴的冻精产品型式进行 1～2 次的检验。

6.8.3.3　当生产冻精的重要原材料、器件（如冷冻仪、分装机等）等有重大改变影响到产品质量时必须做型式检验。

6.9　冻精包装

细管冻精有两种包装方法。

6.9.1　指拇管包装

用细管计数分装机进行包装时，包装应在－140℃以下的环境中进行，包装后的细管冻精其棉塞端应在指拇管（塑料管）的底部，不得倒置。指拇管的内径应均匀一致。将装有细管冻精的指拇管放入液氮灌中的提筒内。

6.9.2　纱布袋包装

用纱布袋进行包装时，在其上预先填写冻精内容（生产单位、公驴编号、支数、活率、生产日期），浸入液氮预冷后再装入细管冻精，然后将其放入液氮罐中。

6.10　冻精贮存

6.10.1　冻精应贮存于液氮罐的液氮中，贮存冻精的低温容器应符合 GB/T5458 标准的规定。

6.10.2　设专人保管，每周定时加一次液氮，冻精应始终浸在液氮中。

6.10.3　冻精保管人员应经常检查液氮罐的状况，如发现液氮罐外壳结白霜，立即将精液转移入其他液氮罐内保存。包装好的冻精由一个液氮罐转换到另一个液氮罐时，在液氮罐外停留时间不得超过 5s。取存冻精后要盖好液氮罐盖塞，在取放盖塞时，要垂直轻拿轻放，不得用力过猛，防止液氮罐盖塞折断或损坏。移动液氮罐时，不得在地上拖行，应提握液氮罐手柄抬起罐体后再移动，要轻拿轻放，严禁震荡、撞击。置于阴暗凉爽处，并注意室内通风。

6.10.4　不同个体公驴的冻精可用不同颜色包装加以区别。

6.10.5　贮存冻精的容器每年至少清洗一次。

6.11　冻精运输

6.11.1　冻精运输过程中要有专人负责，液氮罐不得横倒、碰撞及强烈振动。

6.11.2　冻精应始终浸在液氮中。

附　录　A

（规范性附录）

德州驴细管冷冻精液标记方法

细管冷冻精液标记由十八位数四部分组成，排列顺序如下：

a)　　第一部分：公驴站代号四位数；

b)　　第二部分：品种代号三位数；

c)　　第三部分：冻精生产日期六位数；

d)　　第四部分：公驴编号五位数。

第三部分冻精生产日期六位数按年月日顺序排列，年月日各占二位数字，年度的后两位数组成年的二位数，月日不够二位的，月日前分别加"0"补充为二位数。第四部分公驴编号取该驴编号的后五位数。部分与部分之间空一个汉字（二个字节），第一、第二部分用汉语拼音大写字母表示。标记的字迹必须清晰易认。

标记示例：

棉塞封口端	SDOX	DZL	120316	06003	超声波封口端

注：SDOX　为山东省奥克斯生物技术有限公司代号；

　　DZL　为德州驴的品种代号；

　　120316　为2012年3月16日的生产日期代号；

　　06003　为该公驴编号。

附 录 B

（资料性附录）

德州驴精液离心液和冷冻精液稀释液配方成分及其浓度

B.1 精液离心液配方成分及其浓度

见表 B.1。

表 B.1 离心液配方（总体积为 1 000mL）

成分	含量
Tris	33.644g
柠檬酸	18.8g
葡萄糖	15.278g
甘油	70.5mL
青霉素	5万U
链霉素	5万U

注：配制完成后经 $0.22\mu m$ 滤器过滤除菌，4℃保存，保存时间不超过 14d。

B.2 冷冻精液稀释液配方

用量筒取适量离心液，加入 20％卵黄，用封口膜封好口后，上下颠倒混匀，置于 4℃冰箱中过夜分层。之后，去除上层泡沫，将稀释液中层倒入烧杯中，下层沉淀弃去。稀释液经 4 000r/min 离心 3 次，每次 30min，去除离心后的稀释液表层杂质及底层沉淀，取中层倒入盐水瓶或蓝口瓶中，加入甘油，用磁力搅拌器充分搅拌均匀后，置于 4℃冰箱中备用，但存放时间不宜超过 24h。

附录二　《驴冷冻精液人工授精技术规范》

（DB 37/T 2961—2017）

ICS 65.020.30
B 44

DB 37

山 东 省 地 方 标 准

DB 37/T 2961—2017

驴冷冻精液人工授精技术规范

Artificial Insemination Regulation of Donkey Frozen Semen

2017-05-23 发布 　　　　　　　　　　　2017-06-23 实施

山东省质量技术监督局　　发布

前　言

本标准按照 GB/T 1.1—2009 给出的规则起草。

本标准由山东省畜牧兽医局提出。

本标准由山东省畜牧业标准化技术委员会归口。

本标准起草单位：山东省农业科学院奶牛研究中心、青岛农业大学、东阿阿胶股份有限公司、聊城大学、聊城市畜牧站。

本标准主要起草人：王长法、王秀革、孙玉江、嵇传良、刘桂芹、于杰、孙艳、王金鹏、杨春红、黄金明、鞠志花、张瑞涛、姜桂苗、李海静、张燕、姜强、姜永红、王俊海、刘万成、赵爱民。

驴冷冻精液人工授精技术规范

1　范围

本标准规定了驴冷冻精液人工授精的操作技术要求。

本标准适用于大、中型母驴的人工授精技术应用。

2　规范性引用文件

下列文件对于本文件的应用是必不可少的。凡是注日期的引用文件，仅所注日期的版本适用于本文件。凡是不注日期的引用文件，其最新版本（包括所有的修改单）适用于本文件。

DB37/T 2309　德州驴冷冻精液生产技术规程

NY/T 1335—2007　牛人工授精技术规程

3　术语及定义

下列术语和定义适用于本标准。

3.1

冷冻精液　frozen semen

是将原精液过滤、离心后，用稀释液等温稀释、平衡后快速冷冻，在液氮中保存的细管精液。

3.2

冷冻精液解冻　thawing of frozen semen

冷冻精液使用前使冷冻精子重新恢复活力的处理方法。

3.3

发情期　estrus peroid

母驴出现发情行为和生殖生理变化持续的时间，一般为 5d～8d。

3.4

发情鉴定　estrus detection

通过外部观察或其他方式确定母驴发情程度的方法。

3.5

妊娠诊断 pregnancy diagnosis

采用外部观察、直肠检查和超声波检查等方法判断母驴受精后其是否妊娠的方法。生产中一般在配种后 35d～45d 通过直肠检查法判断母驴是否妊娠。

4 适用对象

达到适配标准的育成驴，初配年龄≥2.5 岁，体重≥70％成年体重，健康，膘情适中的经产母驴。参见 GB/T 24877。

5 输精准备

5.1 器具清洗和消毒

凡是接触精液和母驴生殖道的输精用器具都应进行清洗和消毒。参见 NY/T 1335—2007 中 5.1。输精枪参见附录 A 图 A.1。

5.2 冷冻精液解冻

按 DB 37/T 2309 规定执行。

5.3 冷冻精液质量检查

按 DB 37/T 2309 规定执行。冷冻精液品质要求，显微镜下解冻后活力达到 35％以上。

6 母驴发情鉴定

母驴的发情鉴定采用外部观察、直肠检查和超声波检查的方法。

6.1 外部观察

通过母驴的外部表现症状和生殖器官的变化判断母驴是否发情和发情程度（见附录 B 表 B.1）。

6.2 直肠检查

6.2.1 检查准备

检查人员剪短并磨光指甲，带一次性长臂手套，手套和驴外阴涂上润滑液。

6.2.2 检查方法

五指并拢成锥形，手心向下，轻轻插入直肠内，手指扩张，以便空气进入直肠，引起直肠努责，将粪排出。检查人员手指继续伸入，当发现母驴努责时，应暂缓，直至狭窄部，以四指进入狭窄部，拇指在外。

此时可采用以下两种检查方法：

——下滑法：手进入狭窄部，四指向上翻，在第 3、第 4 腰椎处摸到卵巢韧带，随韧带向下捋，就可摸到卵巢。由卵巢向下就可摸到子宫角、子宫体。

——托底法：一只手进入盲肠狭窄部，四指向前下摸，就可以摸到子宫底部，顺子宫底向左上方移动，便可摸到子宫角。到子宫角上部，轻轻向后拉就可摸到左侧卵巢。

6.3 超声波检查

6.3.1 检查准备

在一次性长臂手套的中指处挤入一定量的耦合剂，将 B 超探头浸入到耦合剂中，用长臂手套将探头导线包裹。

6.3.2 检查方法

将探头置于手掌心处，五指并拢成锥形，携带 B 超探头进入肠道。手持探头，寻找卵巢，将探头紧贴于卵巢上并将卵巢压在直肠壁上，轻微转动探头即可观察到卵巢上卵泡的发育情况。

7 输精

7.1 输精时间确定

7.1.1 外部观察法

通过母驴的外部表现症状和生殖器官的变化判断母驴是否发情或发情程度（见附录 B 表 B.1），进入发情盛期时适宜输精。

7.1.2 直肠检查法

触摸卵巢时，卵泡壁非常薄，有一触即破的感觉。触摸时，部分母驴有不安和回头看腹的表现。有时在触摸的瞬间卵泡破裂，卵子排出，直检时则可明显摸到排卵凹及卵泡膜。此时宜立即输精。8h～12h 卵泡仍未破裂，宜再输精一次。

7.1.3 超声波检查法

卵泡的 B 超图像是一个中部黑、边缘亮的椭圆。随着发情的发展椭圆不断增大，发情后期将要排卵时，由于卵泡变软，用探头轻压卵泡时，卵泡会发生变形。观察到卵泡直径不再继续扩大时，或卵泡直径≥40mm 时，即可输精。

7.1.4 输精部位

穿过子宫颈和子宫分叉处至排卵侧子宫角基部。

7.2 输精方法

轻轻按摩肛门口，使母驴环状括约肌放松，清除直肠粪便，用消毒水擦洗外阴部，用清水洗净，用消毒毛巾或纸巾擦干外阴。将解冻后的细管精液每 5 支一组装入输精枪，套上一次性套管。配种员一只手戴消毒一次性长臂手套，五指形成锥形，将输精枪缓慢插入母驴阴道内，握住子宫颈，将输精枪顶端插入子宫体输精部位，另一只手缓缓将精液推入子宫内。慢慢拔出输精枪，持续轻压驴背腰部，使其伸展。

8 妊娠检查

8.1 外部观察

母驴妊娠后阴道被黏稠分泌物粘连，手不易插入。随着妊娠日期增加，母驴食欲增强，性情变温和，行为变安稳，出气粗，被毛光亮。怀孕中后期腹围增大，腹壁一侧突出，有时可观察到胎动。

8.2 直肠检查

输精后二个情期未发情，通过直肠触摸检查子宫，可查出两侧子宫角不对称，孕侧子宫角基部膨大。膨大部有鸡蛋大小，触之硬有弹性，有时柔软有波动感。在人工授精 60d 后可查出膨大部如垒球或稍大，膨大部内液体波动明显。

8.3 超声波诊断

用 B 超检查母驴的子宫及胎儿、胎动、胎心搏动等。母驴怀孕 15d～20d，孕角侧卵巢比另一侧卵巢大，孕侧子宫角基部出现蚕豆大小的突起胚泡，有黄体，子宫壁变厚，有弹性。

9 数据记录

输精后，应做好繁殖及育种等相关数据记录，记录内容及格式参见附录 C。

附　录　A

（资料性附录）

驴用输精枪

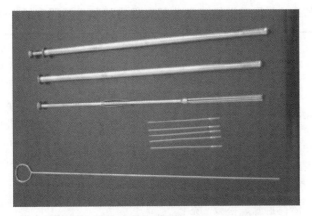

图 A.1　驴用输精枪主要部件平面图

附 录 B

（资料性附录）

母驴发情外部表现症状和生殖器官的变化

表 B.1 母驴发情鉴定外部表现症状和生殖器官的变化

期别	发情初期 （不接受爬跨期）	发情盛期 （接受爬跨期）	发情末期 （不接受爬跨期）
外观表现	母驴兴奋不安，食欲减退、吧嗒嘴、抿耳、游走，追逐爬跨它驴，而公驴爬跨不予接受，一爬就跑	母驴游走减少，闪阴排尿，吧嗒嘴、抿耳，有口涎流出，公驴爬跨时站立不动、塌腰、后肢张开，频频举尾，愿接受爬跨	母驴性欲减弱、偶有吧嗒嘴，公驴爬跨时，有时后踢，不愿再接受爬跨
生殖器官变化	阴门肿胀、松弛、充血、发亮，子宫颈口微张，有稀薄透明黏液流出，阴道壁潮红	子宫颈口红润开张，阴道壁充血，黏液显著增加，流出大量透明而黏稠的分泌物，俗称"吊长线"	黏液量减少，浑浊黏稠。子宫颈口紧闭，有少量浓稠黏液，阴唇消肿起皱，下联合处有茶色干痂
卵泡变化	卵巢变软，光滑，有时略有增大。相当于卵泡的发育期和生长期	一侧卵巢增大，卵泡直径大于40mm。相当于卵泡成熟期和排卵期此时期为适宜输精时间	卵巢体积显著缩小，在卵泡破裂的地方形成黄体。相当于黄体形成期

附　录　C
（资料性附录）

配种妊检记录表

表 C.1　配种妊检记录表

序号	母驴号	配种日期	与配驴号	配种员	妊检日期	妊检结果	备注
1							
2							
3							
4							
5							
6							
7							
8							
9							
10							
11							
12							
13							
14							
15							
16							
17							

彩图1　德州驴（三粉）

彩图2　德州驴（乌头）

彩图3　心　脏

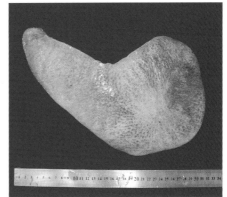

彩图4　脾　脏

背面

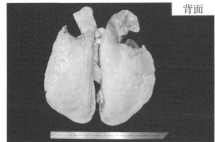

腹面

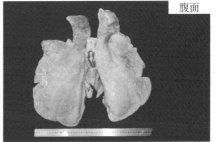

彩图5　肺　脏

背面

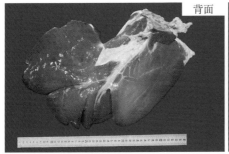

腹面

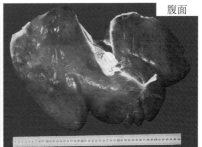

彩图6　肝　脏

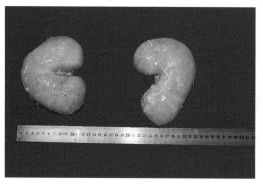

彩图7 肾 脏　　　　　彩图8 胃

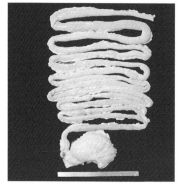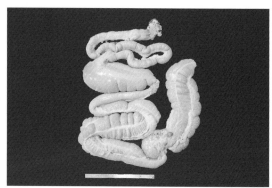

彩图9 小 肠　　　　　彩图10 大 肠

彩图11 电子芯片（左）及其注射器（右）

彩图12 德州驴产奶母驴乳房和乳头

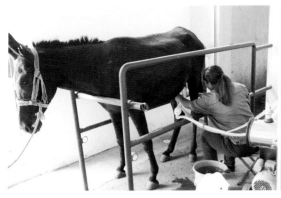

彩图13　驴奶采集设备

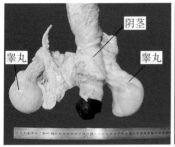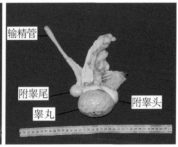

阴茎

睾丸

睾丸

输精管

附睾尾

睾丸

附睾头

彩图14　德州驴公驴睾丸（左）及附睾（右）

输卵管

卵巢

卵巢

子宫体

子宫颈

彩图15　德州驴母驴卵巢、输卵管、子宫

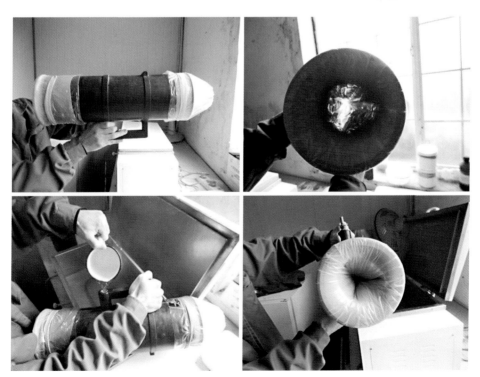

彩图16　采精假阴道准备

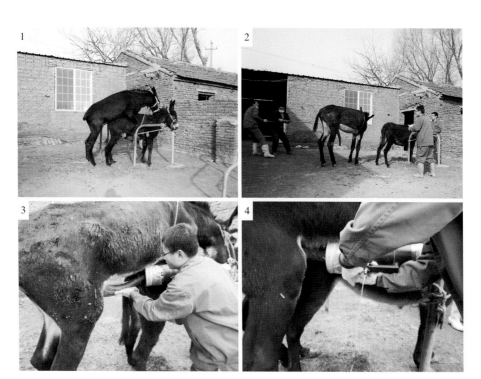

彩图17 驴人工采精操作

彩图18 驴用输精管及人工输精现场

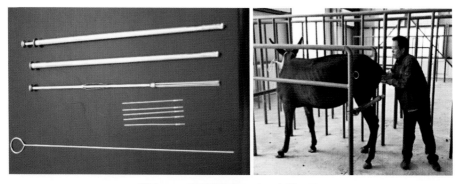

彩图19 驴用输精枪及人工授精现场